Henrik und Katja Lührs

Luftfahrt

Spannendes Wissen rund um die Welt des Fliegens

Illustrationen von Kirsten Gattermann

Die obere Einbandabbildung zeigt eine *Boeing 747* während des Steigflugs, die untere Abbildung Piloten im Cockpit einer *McDonnell Douglas MD-11*.
Auf der Einbandrückseite ist eine Montagehalle von Airbus abgebildet.

Henrik Lührs, selbst Pilot und in der Pilotenausbildung tätig, hat mehrere Lehrbücher zur Fliegerei veröffentlicht und forscht u. a. zu historischen Luftfahrtthemen an der FernUniversität in Hagen. Er studierte Geschichte, Philosophie, Literaturwissenschaften und Soziologie und veröffentlicht regelmäßig Fachartikel.
Katja Lührs, Grundschullehrerin und Autorin, unterrichtet die Fächer Deutsch, Mathematik, Kunst, Sachunterricht und Englisch. Sie erarbeitet mit den Kindern besonders gern Projekte zu den Themen Literatur und Theater. Ihre Ideen sind schon in Lehrbücher eingeflossen.

Copyright © 2014 Gerstenberg Verlag, Hildesheim
Alle Rechte vorbehalten.
Einband, Gestaltung, Satz
Farnschläder & Mahlstedt, Hamburg
Druck Interak, Czarnkow
Printed in Poland
www.gerstenberg-verlag.de
ISBN 978-3-8369-5585-0

Erläuterungen von Fachbegriffen finden sich im Glossar auf S. 62.

Inhalt

Ultraleichtflugzeuge wie dieses *Trike* können genutzt werden, um Zugvögel zu begleiten.

Der Traum vom Fliegen

Vermutlich haben sich die Menschen schon zu allen Zeiten gewünscht, sich wie ein Vogel in die Luft schwingen zu können. Unzählige Ideen und Versuche, Jahrhunderte der Forschung waren notwendig, bis die Wissenschaft endlich so weit war, dass im 18. Jahrhundert die ersten Ballone und Gleiter abheben konnten. Von nun an war das Luftfahrt-Fieber ausgebrochen und spornte immer mehr Träumer, Erfinder und Wagemutige an, sich den Traum vom Fliegen zu erfüllen. Viele scheiterten bei ihren Versuchen, leisteten oft aber doch einen wichtigen Beitrag zum Fortschritt der gesamten Luftfahrt. Pioniere wie Otto Lilienthal, die Brüder Wright oder Graf von Zeppelin sind bis heute Berühmtheiten.

Die Luftfahrt ist ein noch recht junges Verkehrsmittel. In den letzten 100 Jahren hat sie allerdings eine rasante Entwicklung durchgemacht und zählt heute zu den modernsten Technologiebereichen weltweit. Vor allem zwischen den beiden Weltkriegen in den 1920er- und 1930er-Jahren wurden immer neue Rekorde aufgestellt und immer bessere Luftfahrzeuge entwickelt. War das Reisen mit dem Flugzeug zu Beginn eher den Wohlhabenden vorbehalten, wurde es in den 1960er- und 1970er-Jahren schließlich für viele Menschen möglich. Außerdem wurden Luftfahrzeuge für viele Spezialaufgaben eingesetzt, z. B. zur Erforschung der Atmosphäre, für Rettungseinsätze in abgelegenen Gebieten und zu militärischen Zwecken.

Heute gehört die Möglichkeit, mit Flugzeugen abzuheben, ganz selbstverständlich zu deinem Alltag. Auch wenn du noch nie selbst geflogen bist, benutzt du sicherlich regelmäßig ein Telefon, dessen Einzelteile einmal mit dem Flugzeug transportiert worden sind, oder du isst exotische Früchte wie Bananen oder Ananas, die in einem Frachtflugzeug nach Europa gelangt sind. Das Fliegen hat uns auch entfernteste Flecken auf der Erde ein wenig näher gebracht.

Die Anfänge der Luftfahrt

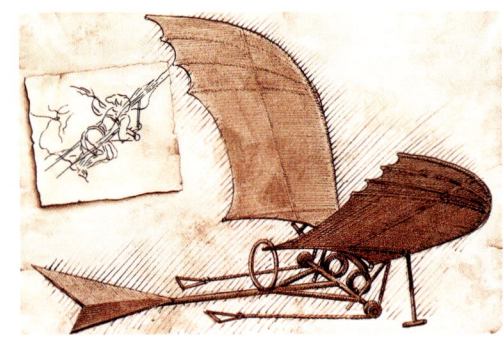

Zeichnung einer Flugmaschine von Leonardo da Vinci

Die Brüder Montgolfier   Es wird erzählt, dass den Brüdern Jacques-Étienne und Joseph-Michel Montgolfier die Idee zu ihrem Heißluftballon am Kamin kam. Sie hatten beobachtet, dass die Röcke von Frauen in der Nähe des Kamins nach oben wehten, und wollten sich dieses Prinzip zunutze machen. In vielen Versuchen ließen sie nun selbst gebastelte Papiertüten über dem Kamin nach oben steigen. Ausreichend Nachschub hatten sie, denn ihr Vater war ein Papierfabrikant. Dabei machten sie sich das Auftriebsprinzip »leichter als Luft« zunutze. Die heiße Luft im Innern der Ballonhülle hat eine geringere Dichte als die kalte Luft außerhalb. Je geringer die Dichte ist, desto weniger Luftteilchen befinden sich im Ballon, wodurch die Luft darin »leichter« ist.

Erste Flugversuche

ca. 1500 v. Chr.	Sage von Dädalus und Ikarus
ca. 200 v. Chr.	In China werden mit Heißluft aufsteigende Lampions entwickelt.
559 n. Chr.	Vermutlich erster Drachenflug von Yuan Huangtou in China
1709	Erste Versuche mit unbenannten Ballonen durch Bartolomeu de Gusmão in Lissabon
1783	Erste bemannte Ballone heben in Paris ab (Heißluft und Gas).
1784	Die Brüder Robert führen erste Flüge mit einem steuerbaren Ballon durch.
1785	Jean-Pierre Blanchard und John Jeffries überqueren zum ersten Mal in einem Ballon den Ärmelkanal.
1793	Als die Stadt Mainz während eines Krieges belagert wird, kommt erstmals ein Fesselballon zum Einsatz.
1848	William Samuel Henson und John Stringfellow führen mit einem Modell den ersten Flug eines nicht steuerbaren Flugapparats durch, der schwerer als Luft ist. Der Apparat stürzt nach 40 Metern ab.
1849	George Cayley führt mit einem zehn Jahre alten Jungen an Bord eines Segelfluggeräts an einem Hang den ersten bemannten Gleitflug durch. Der Apparat ist dabei noch angeleint.
1852	Mit einem ebenfalls von George Cayley konstruierten Segelfluggerät werden erste freie, aber unbemannte Flugversuche am Hang durchgeführt.
1891	Erster nachgewiesener freier und bemannter Flug mit einem Hängegleiter durch Otto Lilienthal

Visionen werden Wirklichkeit

Hast du dir auch schon einmal vorgestellt, einfach deine Arme auszubreiten und abzuheben wie ein Vogel? Dieser Traum ist vermutlich so alt wie die Menschheit selbst. Vögel und deren Bewegungsablauf haben Gelehrte zu allen Zeiten fasziniert. Es dauerte jedoch viele Tausend Jahre, bis dieser Traum ein wenig greifbarer wurde. Und das ist noch gar nicht so lange her!

Mythen und Träumereien   standen wie so oft am Anfang von neuen Entwicklungen. Der erste bekannte Luftfahrer entstammt der griechischen Mythologie – es gab ihn also nicht wirklich. Laut einer griechischen Sage konstruierte Dädalus, der zusammen mit seinem Sohn Ikarus auf der Insel Kreta gefangen gehalten wurde, aus Vogelfedern und Kerzenwachs Flügel, mit denen beide einfach davonflogen. Ikarus stieg allerdings zu hoch auf, sodass die Sonne das Wachs zum Schmelzen und ihn samt seinen Flügeln zum Absturz brachte.

Die ersten bekannten wissenschaftlichen Überlegungen schrieb um 1500 Leonardo da Vinci auf. Er fertigte beeindruckende Skizzen von verschiedenen Flugmaschinen an, die mit Muskelkraft betrieben werden sollten, und entwarf sogar einen Fallschirm. Leider wären die meisten seiner Ideen nicht in der Lage gewesen, tatsächlich zu fliegen. Trotzdem beeinflussten seine Gedanken unzählige ihm folgende Erfinder.

Ballone   waren schließlich die ersten Konstruktionen, die tatsächlich abhoben und durch die Luft fuhren – denn Ballone »fliegen« nicht, sie »fahren«. Ein Schaf, eine Ente und ein Hahn waren die ersten Lebewesen, die 1783 in einem Heißluftballon durch die Luft schwebten. Wenige Tage später folgten die ersten Menschen in der nach ihren Erfindern benannten »Montgolfiere«. Kurz darauf startete der erste mit Wasserstoff

Eine Montgolfiere hebt ab

Als Ikarus aus Übermut zu hoch aufstieg und der Sonne zu nahe kam, schmolz das Wachs, mit dem die Federn befestigt waren.

gefüllte Ballon. Die Pariser waren begeistert, denn beide Ballone hoben in der französischen Hauptstadt ab, wo ein regelrechtes »Luftfahrt-Fieber« ausbrach.

Als 1852 das erste von Henri Giffard mit Wasserstoff gefüllte Luftschiff abhob, bedeutete dies eine entscheidende Weiterentwicklung: Im Gegensatz zu Ballonen war das zigarrenförmige Luftschiff steuerbar und wurde durch eine Dampfmaschine angetrieben. Es dauerte allerdings noch ein halbes Jahrhundert, bis Ferdinand Graf von Zeppelin den Luftschiffen zu einem durchschlagenden Erfolg verhalf.

Flugapparate wurden seit dem 18. Jahrhundert zwar zahlreich entworfen und teilweise sogar gebaut, aber nur die wenigsten hoben auch wirklich ab. Die meisten Erfinder orientierten sich beim Aufbau der Flügel an Vögeln oder Fledermäusen und sahen als Antrieb entweder Muskelkraft oder die damals verfügbaren Dampfmaschinen vor. Einen der ersten erfolgreichen Flüge führte George Cayley vermutlich 1852 durch. Er ließ eine Art Segelflugzeug, gesteuert von seinem Kutscher, einen Hang hinuntergleiten.

Das erste Zeppelin-Luftschiff, um 1900

Otto Lilienthal (1848–1896) Der deutsche Flugpionier Karl Wilhelm Otto Lilienthal war der erste Mensch, der nachweislich einen Flug mit einem von ihm selbst konstruierten Hängegleiter durchgeführt hat – und das gleich mehrfach. Damit hat er zusammen mit seinem Bruder Gustav gezeigt, dass es möglich ist, mit Flugapparaten abzuheben, die schwerer sind als Luft. Auch er orientierte sich bei seinen Konstruktionen stark am Vogelflug und veröffentlichte darüber bereits 1889 ein Buch, das begeistert aufgenommen wurde. Seine aerodynamischen Erkenntnisse (von griechisch *aer* = Luft und *dynamis* = Kraft) haben teilweise noch heute Gültigkeit. Bei einem seiner zahlreichen Flüge verunglückte Lilienthal 1896 tödlich.

Erste Motorflüge

Der Flugapparat *Ader Éole III* in gefaltetem Zustand

Die Wright-Brüder Nicht einmal 40 Meter weit flog Orville Wright 1903 mit seinem *Flyer,* und doch war dieser Flug der Startschuss für die moderne Luftfahrt. Revolutionär und neu war vor allem die aerodynamisch kontrollierte Steuerung um drei Achsen (siehe S. 38/39), die erstmals eine Kontrolle des Flugzustandes ermöglichte. Noch heute werden Flugzeuge nach diesem Prinzip konstruiert. Bereits 1901 führten die Brüder erste Flüge ohne Motor durch, um Erkenntnisse über das Flugverhalten zu sammeln. Durch die Doppeldecker-Konstruktion sollte der Auftrieb gesteigert werden. Auch diese Idee sollte sich zunächst als wegweisend herausstellen.

Wilbur und Orville Wright

Mit Volldampf in die Lüfte

Ein großes Problem der frühen Luftfahrt war, dass zu dieser Zeit nur Dampfmaschinen zur Verfügung standen, deren Gewicht viel zu hoch für die vorhandenen Flugapparate war. Erst mit der Entwicklung von leichten Benzinmotoren konnten schließlich auch Fluggeräte abheben, die schwerer als Luft waren.

Erste Versuche noch mit Dampfmaschinen fanden bereits Ende des 19. Jahrhunderts statt. So entwickelte der Franzose Clément Ader um 1890 den mit Dampf angetriebenen Flugapparat *Éole,* der sogar etwa 50 Meter weit flog – allerdings ohne Steuerung und nur wenige Zentimeter über dem Erdboden. Das Fluggerät wurde bereits beim ersten Flug zerstört und das Projekt eingestellt.

Den Durchbruch im Motorflug schafften schließlich 1903 die Brüder Wilbur und Orville Wright, die mit ihrem selbst gebauten Flugzeug in zwölf Sekunden eine Strecke von 36 Metern zurücklegten. Auch den nur zwölf PS starken und sehr leichten Motor hatten sie selbst gebaut.

Motorflugzeuge wurden nun zahlreich in Europa und Nordamerika hergestellt – es hatte erneut ein Luftfahrt-Fieber eingesetzt. Zunächst wurden Eindecker aus Holz- oder Metallrahmen gebaut und mit Stoff bespannt. Mit einem solchen Flugzeug überquerte der Franzose Louis Blériot 1909 als erster Mensch auf dem Luftweg den Är-

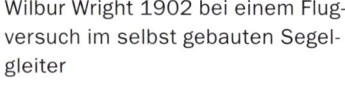

Wilbur Wright 1902 bei einem Flugversuch im selbst gebauten Segelgleiter

37 Minuten dauerte der erste Flug über den Ärmelkanal mit der *Blériot XI.*

Die Leistung von Motoren Um die Leistung von Dampfmaschinen möglichst anschaulich angeben zu können, entschied sich der schottische Erfinder James Watt für die Einheit »Pferdestärken«, abgekürzt PS. Damit sollte ausgedrückt werden, wie viele Pferde notwendig sind, um diese Dampfmaschine zu ersetzen. Ein Problem war dabei natürlich, dass nicht alle Pferde gleich stark waren. Dadurch kam es auch zu unterschiedlichen Berechnungsmethoden. Diese Einheit wird zwar heute noch manchmal verwendet, ist aber schon längst veraltet und wurde bereits 1978 offiziell durch die Einheit »Watt« ersetzt.

Paul Cornu in seinem »fliegenden Fahrrad«, dessen zwei Rotoren von einem Benzinmoto angetrieben wurden

Der abflugbereite Senkrechtstarter von Étienne Œhmichen

melkanal. Im Ersten Weltkrieg wurden hauptsächlich stabile Doppeldecker mit zwei oder mehreren übereinander liegenden Tragflächen konstruiert.

Seit den 1920er-Jahren war die Technik so weit fortgeschritten, dass immer mehr Flugzeuge vollständig aus Metall anstatt wie bisher aus Holz gebaut wurden. Die Konstruktionen von Rumpf und Tragflächen wurden aerodynamischer (siehe S. 34/35) und die Motoren stärker, sodass in den 1930er-Jahren bereits Geschwindigkeiten von über 600 Kilometern pro Stunde erreicht wurden.

Nach der Erfindung des Sicherheitsglases konnten die Cockpits auch endlich geschlossen werden und die Piloten waren nicht mehr der Kälte ausgesetzt. Selbst wenn du mit deinem Fahrrad im Winter bei Minusgraden ganz schnell fährst, erreichst du kaum mehr als 30 Kilometer pro Stunde, und dabei ist der Fahrtwind schon kalt genug.

Hubschrauber mussten noch länger als Flugzeuge warten, bis sie zum ersten Mal abheben konnten. 1907 gelang es Paul Cornu, mit einem selbst gebauten »fliegenden Fahrrad« etwa einen halben Meter vom Erdboden abzuheben. 1922 baute Étienne Œhmichen den ersten stabilen Senkrechtstarter, der sich einige Minuten in der Luft halten konnte. Juan de la Cierva entwickelte 1923 den ersten Tragschrauber, der bereits eine Strecke von zwölf Kilometern zurücklegen konnte.

Von vier *Douglas World Cruisern,* die 1924 in Chicago starteten, erreichten zwei nach der ersten Weltumrundung das Ziel.

Die ersten Motorflüge

1852	Henri Giffard führt in einem selbst konstruierten Luftschiff den ersten bemannten motorisierten Flug durch.
1872	Paul Haenlein führt Flüge mit einem Luftschiff mit Verbrennungsmotor durch.
1877	Ein von Enrico Forlanini entwickeltes Hubschraubermodell mit Dampfmaschine hebt ab.
1890	Die *Éole* von Clément Ader führt den ersten kurzen motorisierten Flug eines Flugzeugs durch – allerdings ungesteuert.
1900	Der Zeppelin LZ 1 steigt über dem Bodensee auf.
1903	Orville Wright führt den ersten motorisierten und gesteuerten Flug durch.
1907	Paul Cornu hebt mit seinem nicht steuerbaren Hubschrauber ab.
1924	Erste Weltumrundung in 157 Tagen
1928	Charles Edward Kingsford Smith überquert als Erster auf dem Luftweg den Pazifik.

Militärische Entwicklungen

Wichtige Entwicklungen beim Militär

1914	Erste Bombardements aus Zeppelinen. Bombenzielgeräte werden entwickelt.
	Die *HMS Ark Royal* wird zum ersten Flugzeugträger für Wasserflugzeuge umgebaut.
1917	Erste Langstrecken-Bomber werden gebaut.
1946	Erstflug der *B-36*, eines Langstreckenbombers mit über 13 000 Kilometern Reichweite
1948	Die Berliner Luftbrücke wird eingerichtet. In 15 Monaten werden über 270 000 Flüge durchgeführt.
1952	Erstflug der *Boeing B-52*, des wichtigsten Bombers der USA während des Kalten Krieges
1963	Die *North American X-15* erreicht eine Flughöhe von 106 Kilometern.
1964	Erstflug der *SR-71*, eines Spionageflugzeugs der USA, das besonders hoch und mit dreifacher Schallgeschwindigkeit fliegen konnte
1968	Erstflug der *Lockheed C-5 Galaxy*, des damals größten Flugzeugs der Welt
1982	Erstflug der *Antonow AN-124*, des anschließend größten Flugzeugs der Welt
1989	Erstflug der *Northrop Grumman B-2*, eines Stealth-Tarnkappenbombers

In den ersten Kampfflugzeugen wurden die Bomben mit der Hand abgeworfen.

1917 gelang die erste Landung eines Radflugzeugs auf einem fahrenden Schiff.

Ein technologischer Wettlauf

Bereits kurz nach dem ersten Motorflug wurde klar, dass Flugzeuge einen großen militärischen Nutzen haben. Besser als auf dem Land- oder Seeweg können aus der Luft Länder ausspioniert oder angegriffen und Truppen schnell über große Entfernungen transportiert werden. So wurde die technologische Entwicklung vom Militär vorangetrieben und später auch in der Zivilluftfahrt (siehe S. 12/13) übernommen.

Die Weltkriege Während des Ersten Weltkriegs (1914–1918) machte die Technik große Schritte nach vorne. Zu den ersten Waffen an Bord gehörten spezielle Maschinengewehre, die bei der Bedienung sicherstellen mussten, dass der Pilot nicht die eigenen Propellerblätter zerschießt. Es entstanden erste Flugplätze, und um während des Fluges die Verständigung mit dem Piloten zu ermöglichen, wurden Funkgeräte in die Flugzeuge eingebaut. Bereits zu dieser Zeit entwickelte man auch Flugzeugträger.

Vor dem Zweiten Weltkrieg (1939–1945) waren durch Funknavigation (siehe S. 56/57) bereits Flüge ohne Sicht des Piloten nach außen möglich. Während des Krieges flogen erstmals Flugzeuge mit Düsentriebwerken schneller und höher, als das bisher möglich gewesen war. Die Anforderungen für Luftkämpfe machten die Flugzeuge wendiger (man sagt auch: manövrierfähiger) und die Motoren stärker. Die Flugreichweite von schweren Bombern nahm zu und das Radar zur Überwachung des Luftraums wurde immer besser. Außerdem wurde die Hubschraubertechnik ausgereifter und an der Entwicklung von Flugzeugen mit Überschallgeschwindigkeit gearbeitet (siehe S. 12/13).

Das erste Radarsystem der US-Armee

Der Kalte Krieg leitete eine neue Zeit des militärischen Wettrüstens ein, wobei die Luftfahrt eine große Rolle spielte. Als Konflikt zwischen dem »Westen« unter Führung der USA und dem »Osten« unter Führung

anfred von Richthofen
urde als »Roter Baron«
erühmt, weil er in meist
t gestrichenen Flug-
ugen im Ersten Welt-
ieg viele Luftkämpfe
ewann.

der Sowjetunion waren nahezu alle Länder der Welt darin verwickelt. Zahlreiche Überschallkampfjets wurden entwickelt, gleichzeitig flogen die Bomber höher und länger als zuvor. Sogenannte Transponder wurden in Militärflugzeuge eingebaut, mit denen die eigenen Flugzeuge eindeutig identifiziert werden konnten. Damit Spionageflugzeuge nicht auf dem gegnerischen Radar erscheinen, wurde die Stealth-Technologie (siehe Kasten) entwickelt.

Große Fortschritte wurden auch im Bereich der Zuverlässigkeit von Flugzeugen und Navigationsanlagen gemacht. Immer größere Flugzeuge konnten immer mehr Truppen transportieren. Militärische Luftfahrzeuge waren auch die ersten Flugzeuge, die mit Bordcomputern zur Überwachung der Flugleistungen und zur Navigation ausgestattet waren.

Nach 1990 wurden gezielte Luftangriffe und das Ausspähen von Informationen immer wichtiger, sodass die Technik an Bord und die Satellitennavigation rasant weiterentwickelt wurden. Diese Technologien aus der Luftfahrt hielten auch Einzug in unseren Alltag. Du profitierst davon bei der Navigation mit dem Handy oder im Auto.

Eine sehr aktuelle Entwicklung in der militärischen Luftfahrt ist, dass immer mehr unbemannte Luftfahrzeuge, sogenannte Drohnen, eingesetzt werden (siehe S. 26/27).

Die Berliner Luftbrücke
Eine Meisterleistung der militärischen Luftfahrt war die 1948 eingerichtete Luftbrücke zwischen westdeutschen Flughäfen und Berlin. Nachdem die

sowjetischen Besatzer West-Berlin auf dem Landweg abgeschnitten hatten, versorgten vor allem die US-amerikanischen und britischen Streitkräfte die dort lebenden Menschen aus der Luft mit Lebensmitteln, Kohle, Medikamenten und anderen Dingen. Die von den Berlinern liebevoll »Rosinenbomber« genannten Maschinen flogen Tag und Nacht und brachten insgesamt etwa 1,3 Millionen Tonnen Fracht in die Stadt.

Tarnkappenflugzeuge Nahezu gleichzeitig mit der Einführung der Radartechnik im Zweiten Weltkrieg arbeiteten Ingenieure an Flugzeugen, die nicht vom Radar erfasst werden können. Dies kann mit einer besonders kantigen Oberfläche wie bei der F-117 oder mit einer speziellen Beschichtung erreicht werden, welche wie bei der F-22 die Radarimpulse absorbieren, also sozusagen »verschlucken« und nicht reflektieren. Außerdem werden die heißen Abgase der Triebwerke vor dem Ausstoßen möglichst gekühlt, damit diese nicht durch Wärmedetektoren entdeckt werden können. All diese Maßnahmen gehören zur Stealth-Technologie (englisch stealth = Heimlichkeit). Völlig »unsichtbar« wird ein Flugzeug auch mit all dieser Technik nicht. Es erscheint auf dem Radar aber zumindest nur als kleines Objekt.

Tarnkappenbomber *F-117 Nighthawk*

Zivile Verkehrsluftfahrt

Dornier DO-X Ein völlig neues Zeitalter im Flugzeugbau eröffnete 1929 das Flugboot *Dornier DO-X,* das Platz für 159 Passagiere bot und damit das mit Abstand größte Flugzeug der Welt war. Bei einer Abflugmasse von mehr als 50 Tonnen war das Flugboot 40 Meter lang und zehn Meter hoch. Die Innenausstattung war luxuriös und die Erscheinung sehr beeindruckend. Zwölf Kolbenmotoren mit über drei Meter langen Propellern waren nötig, um den Koloss in die Lüfte zu heben. Doch trotz eines Flugs um die halbe Welt von Europa nach Afrika, Südamerika, Nordamerika und quer durch Europa, mit dem für die Maschine geworben werden sollte, wurden nur drei Exemplare gebaut. Nach einem Unfall bei der Landung auf der Donau 1933 wurde der Flugbetrieb weitgehend eingestellt.

Bordunterhaltung spielte bereits 1925 eine große Rolle.

Eine *Junkers* JU 52 der Lufthansa startet in Berlin-Tempelhof.

Früher wurden auch die Passagiere vor dem Abflug gewogen, um das Flugzeug nicht zu überladen.

Die Welt wird kleiner

Nach dem Ersten Weltkrieg stieg der Bedarf an zivilen, also nicht-militärischen Luftfahrzeugen rasant an, sodass 1919 die ersten Passagierflugzeuge auf den Markt kamen. Diese waren meist Weiterentwicklungen von Militärflugzeugen und hatten nur sehr wenige und nicht fest verschraubte Sitzplätze. Eines der ersten Verkehrsflugzeuge und das erste zivile Ganzmetallflugzeug war die *Junkers F13.* Gleichzeitig wurden Flughäfen gebaut, die zunächst nur aus einer Graspiste und Zelten oder kleinen Hütten bestanden.

Verkehrsflugzeuge verkürzten die Reisezeiten auf europäischen und transatlantischen Strecken (also Flügen über den Atlantik) erheblich. 1933 baute Boeing mit der *B-247* eines der ersten Verkehrsflugzeuge, das jedoch schon bald von der *Douglas DC-3* abgelöst wurde. In Europa wurde die *Junkers JU 52*

Das Verkehrsflugzeug *Boeing 247*

Eine *Concorde* der British Airways

Überschallverkehrsflugzeuge In den 1960er-Jahren lieferten sich die sowjetische *TU-144* und die europäische *Concorde* einen Wettlauf: Beide wollten das erste Überschallpassagierflugzeug der Welt werden. Die *TU-144* durchbrach schließlich 1968 als Erste die Schallmauer, ihr Dienst endete jedoch bereits 1978. Auch die *Concorde* fliegt seit 2003 nach einem schweren Unfall nicht mehr. Beide Flugzeuge erreichten die doppelte Schallgeschwindigkeit und konnten so die Strecke von Europa nach Nordamerika in weniger als vier Stunden zurücklegen.

zu einem der meistgebauten Passagierflugzeuge. Lange Strecken, wie die Überquerung des Atlantiks, führten Flugboote durch, die problemlos zwischenlanden konnten. Einziehbare Fahrwerke und aerodynamische Konstruktionen machten das Fliegen immer schneller, und die Entwicklung von Instrumenten wie dem künstlichen Horizont (siehe S. 40/41) machte es wetterunabhängiger, ruhiger und zuverlässiger.

Fliegen war bis in die 1950er-Jahre hinein jedoch Luxus. Erst mit dem Aufkommen von Düsenflugzeugen konnten sich immer mehr Menschen Flugreisen leisten. Die ersten Passagierflugzeuge mit Düsentriebwerk waren die *de Havilland Comet* und die *Tupolew TU-104*. Doch erst die *Boeing 707* war so zuverlässig, dass die Passagierluftfahrt ihren Durchbruch erlebte. In den 1970er-Jahren wurde schließlich die *Boeing 747* eingeführt, die wegen ihrer Größe »Jumbo Jet« genannt wird.

Auch die Navigationsmöglichkeiten wurden nun immer besser. Noch in den 1970er-Jahren mussten neben den Piloten ein Navigator und ein Funker mit an Bord sein. Seit den 1980er-Jahren sind Bildschirme und automatische Steuerungssysteme in Flugzeugen üblich.

Fluggesellschaften Mit der Entwicklung ziviler Verkehrsflugzeuge entstanden auch die ersten Fluggesellschaften (engl. Airlines), die einen regelmäßigen Flugverkehr anboten. Die erste Fluggesellschaft der Welt, die DELAG (Deutsche Luftschifffahrts-Aktiengesellschaft), wurde 1909 von Ferdinand Graf von Zeppelin gegründet. Nur wenige der frühen Airlines gibt es heute noch, dazu gehören KLM, Air France, British Airways und die Lufthansa, die allerdings zwischenzeitlich einmal aufgelöst und neu gegründet wurde.

Neben den »klassischen« Fluggesellschaften mit weltweiten Routen gibt es auch Regionalfluggesellschaften, die nur in einem bestimmten Gebiet Flüge anbieten, und reine Frachtfluggesellschaften, die Waren wie Autos oder Lebensmittel in die ganze Welt transportieren.

Bereits in den 1920er-Jahren macht die Lufthansa Werbung für Flugreisen.

Meilensteine der zivilen Luftfahrt

1909	Gründung der DELAG
1911	Erster Nonstop-Passagierflug von London nach Paris
1912	Ein Zeppelin der DELAG führt den ersten regelmäßigen Passagierbetrieb durch.
1919	Erstflug der *Junkers F 13*
	Gründung der niederländischen Fluggesellschaft KLM
1926	Gründung der Lufthansa
1931	Das Luftschiff *Graf Zeppelin* nimmt den Linienverkehr zwischen Deutschland und Brasilien auf.
1933	Erstflug der *Boeing 247*
1935	Erstflug der *Douglas DC-3*
1938	Erstflug der *Boeing 307* – das erste Passagierflugzeug mit Druckkabine (siehe S. 42/43)
1957	Erstflug der *Boeing 707*
1968	Erstflug der *Tupolew TU-144*
1969	Erstflug der *Boeing 747*
	Erstflug der *Concorde*
1972	Erstflug des *Airbus A300*
1987	Erstflug des *Airbus A320*

Berühmte Luftfahrer

Albrecht Berblinger

Die *Hindenburg* ging bei der Landung in Lakehurst (USA) 1937 in Flammen auf.

Ferdinand Graf von Zeppelin (1838–1917)

Nachdem Ferdinand von Zeppelin 1863 im US-amerikanischen Bürgerkrieg in einem Ballon gefahren war und im Deutsch-Französischen Krieg 1870/71 erneut Ballone im Einsatz erlebt hatte, entwarf er erste Luftschiffe. Besonders waren dabei vor allem das starre Aluminiumgitter und die Möglichkeiten der Steuerung. 1898 begann die Produktion und 1900 stieg das erste Luftschiff, das nach seinem Erfinder »Zeppelin« genannt wurde, über dem Bodensee auf. 1908 gründete Zeppelin eine Firma und verkaufte das erste Militärluftschiff an Deutschland. Von 1909 an wurden Luftschiffe weltweit im Passagierverkehr eingesetzt und dominierten für eine kurze Zeit die Passagierluftfahrt.

Flugpioniere

1811	Albrecht Berblinger stürzt mit seinem Flugapparat in die Donau.
1863	Graf von Zeppelin wird als Ballonfahrer im US-amerikanischen Bürgerkrieg eingesetzt.
1927	Charles Lindbergh überquert als Erster im Alleinflug den Atlantik.
1928	Hermann Köhl, Freiherr von Hünefeld und James Fitzmaurice überqueren als Erste den Atlantik von Ost nach West.
1932	Amelia Earhart überquert als erste Frau alleine den Atlantik.
	Elly Beinhorn umrundet die Welt in einem einmotorigen Flugzeug (mit Ausnahme der Ozeane).
1947	Charles »Chuck« Yeager durchbricht als Erster die Schallmauer.
1999	Bertrand Piccard und Brian Jones umrunden erstmals die Welt nonstop in einem Ballon.
2005	Steve Fossett umrundet erstmals allein und ohne Zwischenstopp die Welt in einem Spezialflugzeug.

Ideen und Wagemut

Auch wenn es heute schon alltäglich ist, dass 300 Tonnen Flugmasse auf der Startbahn beschleunigen und scheinbar mühelos abheben, ist das doch immer noch ein faszinierender Anblick. Für viele Konstrukteure und Piloten der Vergangenheit war diese Vorstellung ein großer Traum, an dessen Verwirklichung sie ihr ganzes Leben gearbeitet haben. Fast alle von ihnen sind heute vergessen – die berühmt gewordenen Luftfahrer sind vor allem diejenigen, die Rekorde aufgestellt oder besondere Erfindungen erstmals in die Tat umgesetzt haben. Aber auch die vielen, vielen Fehlversuche haben entscheidend zur Entwicklung der Luftfahrt beigetragen.

Ideengeber und Konstrukteure haben den Weg für die moderne Luftfahrt bereitet, wurden in der Vergangenheit für ihre Entwürfe aber oft nur belächelt oder sogar für verrückt gehalten. Nachdem Leonardo da Vinci (1452–1519) sich dem Thema als Erster wissenschaftlich genähert hatte, folgten ab dem 18. Jahrhundert zahlreiche Konstruktionsversuche. Die meisten davon scheiterten – wie der Flugapparat von Albrecht Berblinger (1770–1829). Als dieser 1810 zu einem Flug ansetzen sollte, stürzte er aufgrund ungünstiger Windverhältnisse in die Donau und Berblinger wurde von den schadenfrohen Zuschauern ausgelacht.

Erfolgreicher war Sir George Cayley (1773–1857), der als einer der Ersten die Wirkungsweise von Flügelprofilen (siehe S. 34/35) richtig erkannte und deswegen als »Vater der Aeronautik« bezeichnet wurde. Er führte mehrere Flugversuche mit Segelgleitern durch und hatte großen Einfluss auf die nachfolgenden Erfindungen. Nach den Erfolgen der Brüder Lilienthal und Wright (siehe S. 6/7

Chuck Yeager vor seiner *Bell X-1*

Jorge Chávez überquerte die Alpen mit einem *Blériot XI*-Eindecker.

und 8/9) bauten Konstrukteure wie Hugo Junkers (1859–1935), Claude Dornier (1884–1969) und Frederick Handley Page (1885–1962) immer modernere Flugzeuge.

Piloten waren zu Beginn des letzten Jahrhunderts Pioniere, die immer neue Rekorde aufstellten. Bereits 1909 überquerte Louis Blériot (1872–1936) in einem selbst entworfenen Eindecker den Ärmelkanal und nur zehn Jahre später gelang John Alcock (1892–1919) und Arthur Whitten Brown (1886–1948) der erste Flug über den Atlantik, und zwar von Neufundland nach Irland: über 3500 Kilometer in 16 Stunden. 1927 schaffte Charles Lindbergh (1902–1974) das erstmals alleine bei einem 34-stündigen Flug von New York nach Paris.

> Piloten legen keinen großen Wert auf Spaziergänge. Piloten wollen fliegen.
> **Neil Armstrong, US-amerikanischer Pilot und Astronaut**

Die erste Alpenüberquerung gelang dem 23-jährigen Jorge Chávez (1887–1910) bereits 1910. Allerdings zerbrach das Flugzeug bei der Landung, Chávez wurde schwer verletzt und starb wenige Tage später. Der Pazifische Ozean wurde erstmals 1928 von Charles Kingsford Smith (1897–1935) überquert. Besonders lange Flüge unternahm die Flugpionierin Amy Johnson (1903–1941), die 1930 allein von England nach Australien und nur ein Jahr später von London nach Tokio flog.

Elly Beinhorn (1907–2007) Bereits mit 21 Jahren schlug Elly Beinhorn den damals ungewöhnlichen Weg als Pilotin ein. Doch damit nicht genug: Einer Ausbildung als Kunstfliegerin folgten zahlreiche spektakuläre Flüge, die sie bekannt und beliebt machten. 1931 flog sie erstmals durch Afrika und 1932 umrundete sie allein in einem Flugzeug die Welt. Anschließend absolvierte sie nach zahlreichen weiteren Flügen in Europa, Amerika und Afrika 1935 einen Rekordflug von Europa nach Asien und zurück. Sie legte 3470 Kilometer in nur 13,5 Stunden zurück.

Mit der *Spirit of St. Louis* überquerte Charles Lindbergh 1927 den Atlantik.

Luftfahrt heute

Name	Gründung	Hauptsitz	Anzahl der Flugzeugtypen
Airbus	1970	Toulouse, Frankreich	15
Antonow	1946	Kiew, Ukraine	45
Boeing	1916	Chicago, USA	100
Bombardier	1937	Montréal, Kanada	17
Embraer	1969	São José dos Campos, Brasilien	28
Iljuschin	1933	Moskau, Russland	39
Tupolew	1922	Moskau, Russland	60

Große Flugzeughersteller

Kältetest eines *Airbus A350*

Konstrukteure vor einem virtuellen 3D-Flugzeugmodell

Wie ein modernes Flugzeug entsteht

Seit den ersten Flugzeugentwürfen zu Beginn des letzten Jahrhunderts haben sich die Luftfahrzeuge und mit ihnen ihre Herstellung stark gewandelt. Ein modernes Verkehrsflugzeug ist so komplex, dass nicht nur viele Experten daran arbeiten, sondern gleich mehrere Hersteller Teile liefern. Auch große Unternehmen wie Airbus und Boeing kaufen z. B. Triebwerke und die Avionik (Elektronik) von anderen Herstellern ein.

Planung und Entwurf Bevor ein neues Flugzeug entworfen wird, findet zunächst eine sogenannte Bedarfsanalyse statt. Es werden also Fluggesellschaften und andere Käufer wie das Militär nach ihren Wünschen gefragt. Wie viele Sitzplätze soll das Flugzeug haben? Welche Entfernung soll es ohne Landung fliegen können? Soll es auf besonders kurzen Pisten starten? Dabei müssen die Airlines sehr weit in die Zukunft schauen, denn die Entwicklungszeit eines neuen Luftfahrzeugs dauert viele Jahre. Wenn sich der Bedarf währenddessen ändert, muss der Hersteller auch schon einmal nachbessern.

Sind die Anforderungen klar, entwerfen die Ingenieure mithilfe von Computerprogrammen einzelne Teile, die sich schließlich zu einem kompletten Flugzeug zusammenfügen. Dabei sind viele Spezialisten am Werk, oft von überall aus der Welt: Aerodynamiker, Techniker, Statiker (Tragwerksplaner) und auch Psychologen, die sich mit der Wahrnehmung und dem Verhalten von Menschen beschäftigen, sind Teil dieses Entwicklungsprozesses.

Bei der Airbus-Endmontage werden die einzelnen Flugzeugteile zusammengesetzt.

Fertigung Vor dem Bau des richtigen Flugzeugs werden Computersimulationen durchgeführt und ein Modell hergestellt, um im Windkanal die aerodynamischen Eigenschaften zu testen. Dann geht es aber los. Die einzelnen Teile werden meist an vielen Orten auf der ganzen Welt bei jeweils spezialisierten Firmen gebaut und anschließend zur sogenannten Endmontage in die gewaltigen Hallen des Herstellers gebracht. Für diesen Transport sind oft Spezialflugzeuge notwendig, die riesige Flugzeugteile, z. B. des Rumpfes, laden können.

Bei der Endmontage werden die Teile zusammengefügt und letzte Arbeiten vorgenommen. Anschließend finden die ersten Testflüge statt. Ganz besonders aufregend für alle Mitarbeiter ist der Erstflug. Zwar kann das Flugverhalten heute schon sehr gut vor dem ersten Abheben simuliert werden, aber so richtig in der Luft fliegen ist eben doch etwas anderes.

Erfolgreicher Testflug mit dem *Airbus A380*

Kundenwünsche Als letzter Schritt wird das fertige Flugzeug an die Kundenwünsche angepasst. Dazu gehören die Lackierung in den Farben und mit den Symbolen der Airline und die Art und Anzahl der Bestuhlung. Manche Kunden haben auch besondere Wünsche, z. B. Schlafabteile in der ersten Klasse oder eine spezielle Ausstattung des Cockpits. Bevor das Flugzeug an die Fluggesellschaft übergeben wird, werden Probeflüge mit Piloten der Airline durchgeführt.

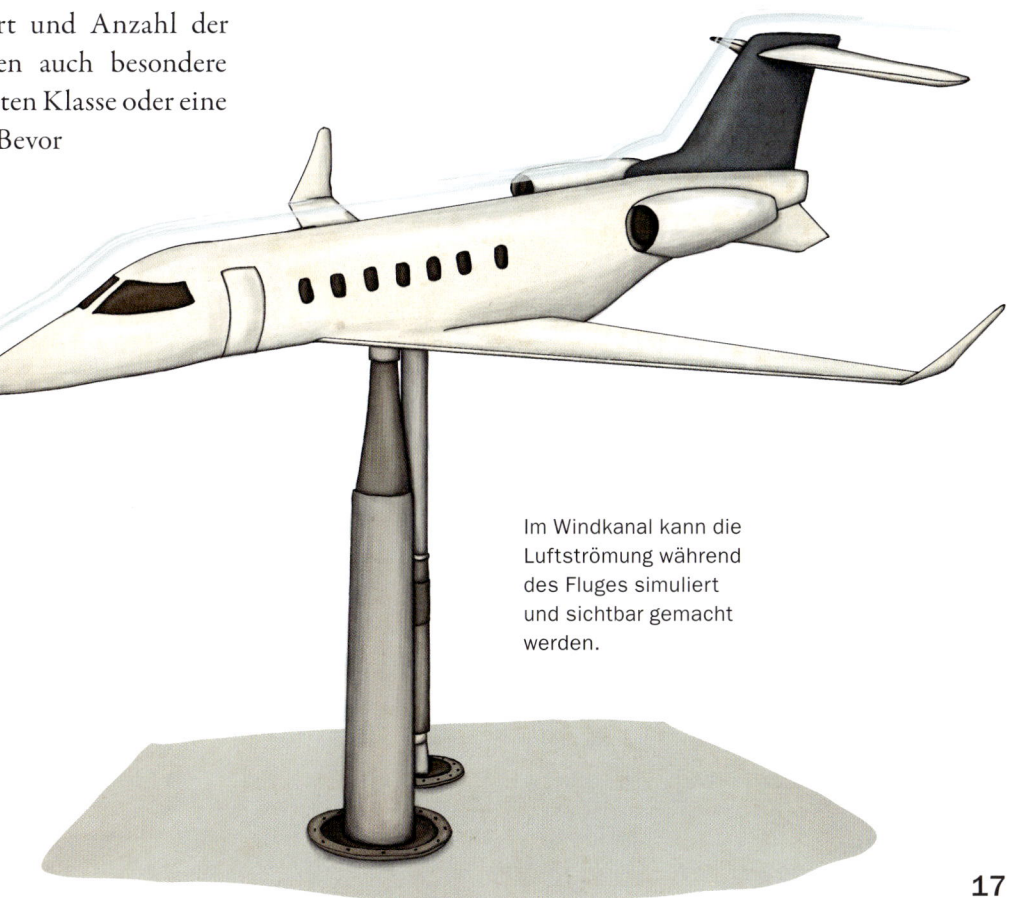

Im Windkanal kann die Luftströmung während des Fluges simuliert und sichtbar gemacht werden.

Löschflugzeuge versprühen Wasser oder Löschmittel in schwer zugänglichen Gebieten.

Alles, was fliegt

Die ganze Vielfalt der Luftfahrt zu überblicken ist eine ziemliche Herausforderung, denn neben den Passagierflugzeugen gibt es eine große Menge an Luftfahrzeugen, die für andere Einsatzgebiete oder Aufgaben entwickelt wurden. So nahm die bemannte Luftfahrt auch nicht mit Flugzeugen, sondern mit Ballonen und Gleitern ihren Anfang – zwei Fortbewegungsmittel, die heute immer noch genutzt werden und weit verbreitet sind, aber nach ganz unterschiedlichen Prinzipien abheben.

Ganz grob kannst du außerdem noch Luftfahrzeuge mit rotierenden und solche mit starren Flügeln unterscheiden. Bei Hubschraubern und Tragschraubern wird der zum Abheben notwendige Auftrieb durch die schnelle Kreisbewegung der Rotorblätter erreicht. Bei Motor- oder Segelflugzeugen sind die Tragflächen hingegen fest montiert, sodass sich das ganze Flugzeug erst einmal bewegen muss, damit Auftrieb erzeugt werden kann.

Luftfahrzeuge werden heute aus den verschiedensten Gründen genutzt: um wichtige Fracht zu transportieren, um Brände über Waldgebieten zu löschen, um verletzte Personen schnell in ein Krankenhaus zu bringen, um sich einer sportlichen Herausforderung zu stellen oder um möglichst schnell von einem Ort zum anderen zu gelangen. Für all diese Aufgaben gibt es speziell entwickelte Luftfahrzeuge, die auf ihrem Gebiet die besten Leistungen erzielen.

Eine tolle Gelegenheit, sich die Vielfalt der Luftfahrt anzusehen, bieten spezielle Museen oder Luftfahrtmessen. Diese finden regelmäßig statt, z. B. in Berlin, Friedrichshafen, Genf oder Zell am See. Dort kannst du nicht nur viele Flugzeuge anschauen, sondern auch Flugshows und weitere interessante Veranstaltungen besuchen.

Von der Luft getragen

Ein Himmel voller Ballone während einer Veranstaltung

Raketen auf dem Rücken Kaum zu glauben, aber es gibt sogar Raketenantriebe für Menschen, die Jet Packs. Das sind Raketen in einer Art Rucksack, die du dir auf den Rücken schnallen kannst. Wenn die Raketen gezündet werden, hebt der Rucksack zusammen mit dir aufgrund des Rückstoßprinzips ab, nach dem auch moderne Jet-Triebwerke funktionieren (siehe S. 36/37). Einige Jet Packs können sogar mehrere Minuten fliegen. Allerdings sind diese Antriebe sehr teuer und schwierig zu steuern, weswegen sie keine Alternative zu Flugzeugen sind. Genutzt werden Raketenrucksäcke vor allem im Weltraum.

Der »Fluggleiter« als Weiterentwicklung des Jet Packs

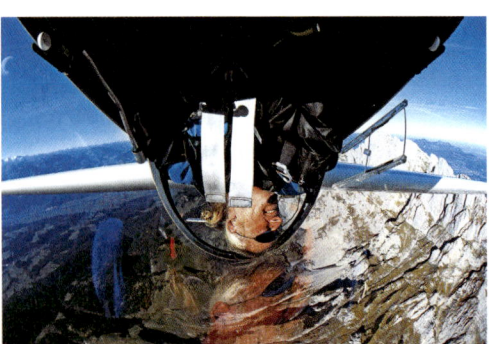
Mit Segelflugzeugen können auch Kunstflugfiguren wie der Rückenflug durchgeführt werden.

Hauptsache fliegen

Es ist ein beeindruckendes Bild, wenn bei großen Flugveranstaltungen oder Ausstellungen viele verschiedene Fluggeräte zu bestaunen sind, die auf den ersten Blick nichts miteinander gemein haben – bis auf die Tatsache, dass sie fliegen. Daran kannst du schon sehen, dass es ganz viele verschiedene Möglichkeiten gibt, Geräte in die Luft zu bekommen.

> Eine Flugmaschine zu erfinden bedeutet wenig; sie zu bauen schon mehr aber sie zu fliegen, das ist das Entscheidende.
> **Otto Lilienthal**

Leichter als Luft Vor allem an sonnigen Wochenenden und bei großen Veranstaltungen kannst du sie beobachten: Ballone. Scheinbar nur getragen von der aufgeblasenen Stoffhülle gleiten sie langsam durch die Luft. Das Geheimnis von Ballonen ist die Füllung der Stoffhülle, die leichter als Luft ist. Meist wird dafür heiße Luft genutzt, einige Ballone verwenden aber auch leichte Gase wie Helium oder Wasserstoff. Die Richtung und Geschwindigkeit kann bei einem Ballon nicht direkt, sondern nur durch Steigen oder Sinken in Höhen mit bestimmten Windrichtungen und -geschwindigkeiten gesteuert werden. Um zu steigen, wird die Luft im Heißluftballon durch einen Brenner weiter erhitzt. Zum Sinken wird eine Art Ventil geöffnet, sodass die heiße Luft entweichen kann.

Auch Luftschiffe sind mit einem leichten Gas gefüllt, können aber durch die Gondel deutlich mehr Personen transportieren. Im Unterschied zu Ballonen verfügen Luftschiffe über einen Motor und Luftschrauben als Antrieb, die zur Steuerung geschwenkt werden können.

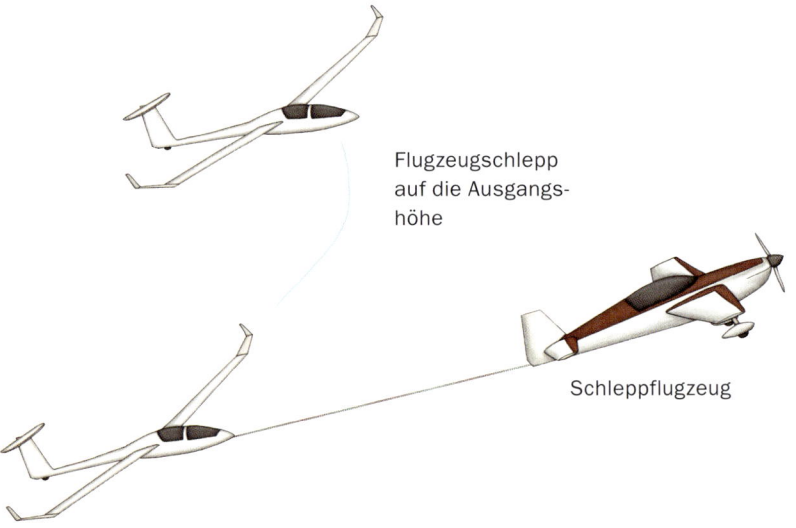
Flugzeugschlepp auf die Ausgangshöhe

Schleppflugzeug

Fliegen ohne Motor Segelflugzeuge sind zwar schwerer als Luft, können aber trotzdem ohne Motor fliegen. Das ist möglich, weil Segelflugzeuge so gebaut sind, dass sie besonders viel Auftrieb erzeugen (siehe S. 34/35) und im Gleitflug nur langsam sinken, also eine große Strecke im Sinkflug zurücklegen können. Vor allem an klaren und warmen Tagen, wenn die Sonne die Erde stark erwärmt und die Luft als Folge aufsteigt, können Segelflugzeuge in diesen als »Thermik« bezeichneten Aufwindfeldern sogar steigen. Nur starten können Segelflugzeuge nicht ohne Hilfe – sie werden entweder mit einer Winde oder von einem Motorflugzeug in die Luft gezogen.

Auch Hängegleiter (Drachen) oder Gleitschirme sind so konstruiert, dass sie möglichst viel Auftrieb erzeugen, wodurch ein langer Sinkflug ermöglicht wird. So können unter guten Bedingungen Strecken von über 100 Kilometern zurückgelegt werden.

Paraglider mit ihren Gleitschirmen

Ultraleichtflugzeuge Als Ultraleichtflugzeug werden ganz unterschiedliche Luftfahrzeuge bezeichnet, die alle eins gemeinsam haben: Sie sind – wie der Name schon sagt – leicht. Mit Insassen wiegt ein sogenanntes UL kaum mehr als 450 Kilogramm – also deutlich weniger als ein Kleinwagen. Zu dieser Kategorie gehören beispielsweise Gleitschirme und Drachen mit Motorantrieb, aber auch »normale« Kleinflugzeuge, die dann allerdings nur für zwei Insassen ausgelegt sind. Diese verfügen außerdem oft über ein Gesamtrettungssystem: Das ist ein großer Fallschirm, an dem das gesamte Flugzeug im Notfall zu Boden gleiten kann.

Aktiv Segelflug-Ausbildung Mit der Ausbildung für den Segelflug-Pilotenschein kannst du bereits als Jugendlicher beginnen. Zum Ausprobieren kannst du bei vielen Segelflugvereinen das Angebot zu Mitfluggelegenheiten oder Schnupperflügen nutzen. Schau doch einmal bei einem Flugplatz in deiner Nähe vorbei. Oft gibt es auch schon für jüngere zukünftige Piloten Möglichkeiten, etwas im Verein zu erleben.

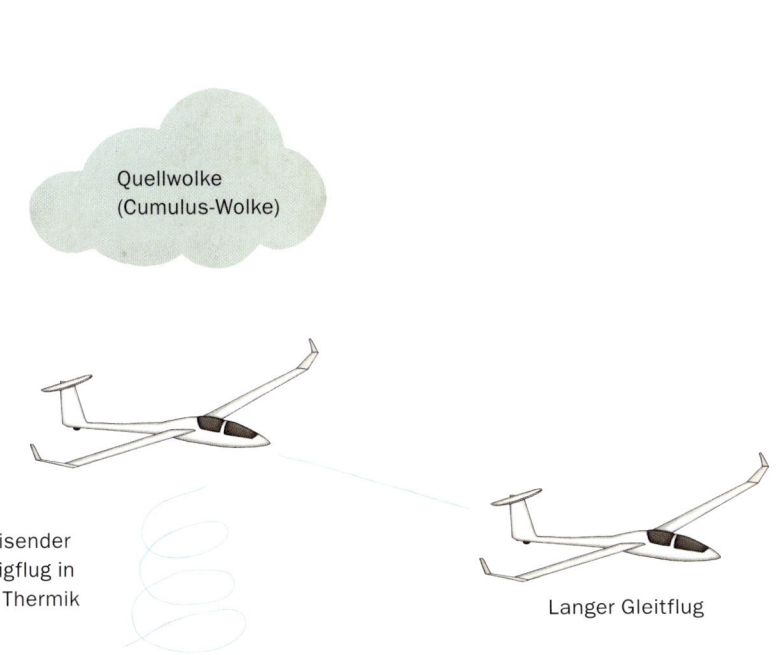

Quellwolke
(Cumulus-Wolke)

Kreisender Steigflug in der Thermik

Langer Gleitflug

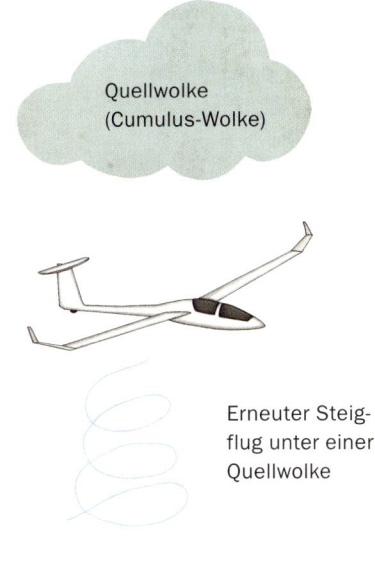

Quellwolke
(Cumulus-Wolke)

Erneuter Steigflug unter einer Quellwolke

Segelflugzeuge werden von der ansteigenden warmen Luft unter Quellwolken in die Höhe getragen. Mit solch einem »Wolkenhopping« können sie viele Hundert Kilometer zurücklegen – ganz ohne Motorkraft!

Allgemeine Luftfahrt

Auf kleinen Flugplätzen ist die Piste zum Starten und Landen auf dem Rasen markiert.

Very Light Jets Seit einigen Jahren werden sogenannte Very Light Jets (etwa: sehr leichte Düsenflugzeuge) entwickelt. Diese kleinen Privatjets sind leichter als die meisten Geschäftsreiseflugzeuge und können von nur einem Piloten geflogen werden. An Bord befindet sich modernste Technik, es können drei bis sechs Passagiere befördert werden und aufgrund ihres geringen Gewichts ist eine Landung auch auf kleinen Pisten möglich. Oft werden sie als »Taxis der Lüfte« bezeichnet, weil sie flexibel auf vielen Flugplätzen eingesetzt werden können, relativ günstig sind und trotzdem über einen ähnlichen Komfort wie größere Privatjets verfügen.

Privat und geschäftlich unterwegs

Ein großer Teil des Luftverkehrs besteht nicht aus Linien- oder Charterflügen, sondern gehört zum Bereich der sogenannten Allgemeinen Luftfahrt. Hierzu gehören u. a. private und geschäftliche Flüge, die mit kleinen Propellermaschinen oder Geschäftsreiseflugzeugen – den Privatjets – durchgeführt werden.

Kleinflugzeuge Kleine Propellerflugzeuge findest du auf fast allen Flugplätzen, egal, ob es ein großer internationaler Flughafen oder ein kleiner Landeplatz mit einer Graspiste ist. Diese Kleinflugzeuge benötigen oft nur wenige Hundert Meter zum Starten und Landen und sind deswegen nicht auf große Flughäfen angewiesen. Das ist ein Vorteil, denn kleine Flugplätze gibt es sehr viele – der nächste ist bestimmt nicht weit von deinem Wohnort entfernt. Meist sind es Privatpiloten, die mit kleinen Propellerflugzeugen Ausflüge machen oder sie als Alternative zum Auto nutzen – denn in der Luft gibt es keine Staus.

Kleinflugzeuge können normalerweise zwei bis sechs Passagiere mitnehmen und haben eine Reichweite von bis zu 3000 Kilometern. Die maximale Flughöhe ist oft auf etwa drei Kilometer begrenzt, weil meist keine Druckkabine (siehe S. 42/43) zur Ausstattung gehört. Das ist aber kein Problem, denn mit Reisefluggeschwindigkeiten zwischen 200 und 400 Kilometern pro Stunde ist man für Flugzeugverhältnisse sowieso eher »gemütlich« unterwegs und kann sich in Ruhe die Landschaft ansehen.

Bei Flugtagen gibt es viel zu sehen und zu erleben.

Geschäftsreiseflugzeuge In der Geschäftswelt bedeutet Zeit hingegen meist auch Geld, weswegen einige Firmen ihre Mitarbeiter mit eigenen oder gemieteten Flugzeugen zu Terminen fliegen lassen. Ebenso fliegen z. B. Politiker auf offiziellen Reisen oftmals mit eigenen Regierungsflugzeugen. Im Unterschied zu einem Linienflug richten sich die Abflugzeiten und -orte von Privatjets nach den Wünschen der Passagiere. So entfallen lange Warte- und Umsteigezeiten, wenn eine Besprechung einmal länger dauert oder nur ein kleiner Flugplatz in der Nähe ist, auf dem keine großen Flugzeuge landen können. Ein weiterer Vorteil: An Bord ist oft ausreichend Platz und Komfort zum Arbeiten, sodass jede Minute genutzt werden kann. Es kann sich für Firmen also durchaus lohnen, ihre Mitarbeiter mit einem Privatjet fliegen zu lassen, auch wenn dieser natürlich viel Geld kostet.

Geschäftsreiseflugzeuge unterscheiden sich u. a. nach Antrieb, Größe und Komfort voneinander. Angefangen bei einem einmotorigen Kleinflugzeug über einen kleinen Jet bis hin zu einer umgebauten *Boeing 737* ist alles möglich. Privatjets können Geschwindigkeiten von über 900 Kilometern pro Stunde erreichen und in Höhen von bis zu 16 Kilometern über 15 000 Kilometer weit fliegen. Platz bieten die klassischen Business Jets (so die englische Bezeichnung) für sechs bis 20 Passagiere – je nach Größe und Ausstattung.

Eine Regierungsmaschine der Bundesrepublik Deutschland: der *Airbus A310*

Luxus auf Reisen Viele Privatjets sind sehr luxuriös ausgestattet. Sie verfügen über bequeme Sessel, Fernseher und eine eigene Bar. Manchmal befinden sich auch ganze Wohn- und Schlafzimmer sowie ein Badezimmer darin. Einige Multimilliardäre haben sich sogar große Verkehrsflugzeuge wie eine *Boeing* oder einen *Airbus* für ihre Zwecke umrüsten lassen. So hat sich beispielsweise der saudische Prinz Al-Walid bin Talal einen *Airbus A380* als größten Privatjet der Welt bestellt. Dies ist natürlich die Ausnahme – die meisten Privatjets sind ähnlich wie die erste Klasse in Linienflugzeugen eingerichtet und verfügen manchmal auch über eigene Flugbegleiter.

Platz zum Ausruhen und Arbeiten im Privatjet

Aktiv Selbst mitfliegen Man mag es kaum glauben, aber in Deutschland, Österreich und der Schweiz gibt es insgesamt über 500 Flugplätze. Die meisten sind keine großen Verkehrsflughäfen, sondern kleine Landeplätze. Hier findest du oft Vereine, die ihren Mitgliedern Kleinflugzeuge vermieten und auch Piloten ausbilden. Viele dieser Vereine bieten Rund- und Mitfluggelegenheiten für jeden an, meist bei Flugplatzfesten oder einem Tag der offenen Tür. Nachfragen lohnt sich also! Wo bei dir in der Nähe ein Flugplatz ist, können dir die nationalen Aero Clubs sagen. Gib einfach das Stichwort »Aero Club« in eine Suchmaschine ein, dann wirst du schnell fündig.

Verkehrsflugzeuge

In der Bordküche wird das Essen vorbereitet.

Rekorde der Zivilluftfahrt

- Das größte Passagierflugzeug ist der *Airbus A380*. In ihm können bis zu 850 Passagiere Platz finden.
- Das längste Passagierflugzeug ist mit 76,4 Metern die *Boeing 747*.
- Das schnellste derzeit im Dienst befindliche Passagierflugzeug ist ebenfalls die *Boeing 747*.
- Die größte Reichweite hat mit über 17 400 Kilometern die *Boeing 777–200LR*.
- Der Flug von Moskau nach Petropawlowsk in Kamtschatka ist mit etwa neun Stunden der längste Inlandsflug der Welt.
- Der längste Nonstop-Flug der Welt von New York nach Singapur dauert fast 19 Stunden.

Giganten der Lüfte

Bei einem Flug in den Urlaub sitzt du normalerweise in einem Verkehrsflugzeug, das speziell für den Transport von Menschen konstruiert wurde. Neben den Sitzen, einer Druckkabine zur Sauerstoffversorgung und einem Gepäckabteil verfügen Verkehrsflugzeuge u. a. auch über Toiletten und eine kleine Küche (die sogenannte Galley), um den Passagieren den Flug so angenehm wie möglich zu machen. Ob das Flugzeug Turbinen- oder Propellertriebwerke hat, hängt dabei vor allem vom Einsatzbereich ab.

Typen Verkehrsflugzeuge können in Kurz-, Mittel- und Langstreckenflugzeuge unterteilt werden, wobei die Übergänge fließend sind. Kurzstreckenflugzeuge werden oft als Zubringerflugzeuge eingesetzt, die Passagiere von kleinen Flugplätzen zu großen Drehkreuzen wie Frankfurt, Wien oder Zürich bringen, damit sie dort ihre Anschlussflüge bekommen. Hierfür werden meist Turboprop-Flugzeuge (siehe S. 36/37) mit sechs bis 70 Sitzplätzen eingesetzt. Diese Flugzeuge sind auf kurzen Strecken praktischer und sparsamer als Jets und können zudem auf kleinen Pisten landen. Für Direktverbindungen zu kleineren Flugplätzen oder in abgelegene Gebiete wie Teilen von Australien, Nordkanada und Zentralafrika werden sogenannte Regionalflugzeuge eingesetzt, die Reichweiten von etwa 2000 Kilometern haben und 70 bis 100 Passagiere transportieren können.

Das Kurzstreckenflugzeug *Metro* der Fluggesellschaft OLT

Verkehrsflugzeuge im Vergleich

Flugzeug	Art	Sitzplätze	Geschwindigkeit in Kilometern pro Stunde	Reichweite in Kilometern	Maximalmasse (Flugzeug mit Passagieren und Ladung) in Kilogramm
ATR 42/72	Kurzstrecke	46–74	510–555	1500–1650	18 000–22 000
Canadair Regional Jet	Kurzstrecke	50–100	850–885	1900–3700	23 000–41 000
Airbus A320	Mittelstrecke	110–220	840	2700–6800	68 000–93 000
Boeing 737	Mittelstrecke	85–215	850–900	3500–7600	50 000–84 000
Airbus A330	Langstrecke	250–440	870	7500–13 400	233 000–238 000
Airbus A340	Langstrecke	260–420	880–905	11 000–16 100	257 000–380 000
Airbus A380	Langstrecke	520–850	900	10 500–15 400	560 000
Boeing 747	Langstrecke	316–467	890–920	9800–14 800	317 000–449 000
Boeing 777	Langstrecke	440–550	890	9600–17 400	247 000–347 000

Airbus A320 im Einsatz für die Fluggesellschaft Edelweiss

Am häufigsten wirst du auf Flughäfen Mittelstreckenflugzeuge wie den *Airbus A320* oder die *Boeing 737* sehen. Mit Reichweiten von etwa 5000 Kilometern und Platz für 130 bis 210 Passagiere können sie auf den meisten Strecken eingesetzt werden. Sie können ebenso für einen Fünf-Stunden-Flug auf die Kanaren wie für einen einstündigen Flug von Wien nach Frankfurt genommen werden.

Flugzeuge mit Reichweiten von mehr als 5000 Kilometern werden als Langstreckenflugzeuge bezeichnet. Der *Airbus A340* oder die *Boeing 777* können sogar über 16 000 Kilometer ohne Zwischenlandung fliegen; das entspricht der Strecke von Wien nach Sydney.

Fracht Neben Passagierflugzeugen gehören auch Frachtflugzeuge zu den Verkehrsflugzeugen. Von Brückenteilen über Autos bis hin zu Tieren können sie fast alles transportieren, sogar ganze Flugzeugteile. Der Innenraum ist mit einem System für Paletten und Container ausgelegt, in denen die Fracht meist transportiert wird.

Viele Frachtflugzeuge werden aus einem Umbau von Passagierflugzeugen entwickelt, beispielsweise aus der *Boeing 747* oder dem *Airbus A330*. Es gibt aber auch speziell entwickelte Frachtflugzeuge wie die *Antonow AN-125* oder die *Lockheed-C5 Galaxy*. Diese Spezialflugzeuge können bis zu 150 Tonnen laden, das entspricht etwa 150 Mittelklasse-Autos.

Großraumflugzeuge Vielleicht hast du schon einmal in einem sehr breiten Flugzeug gesessen, das mindestens zwei Gänge zwischen den Sitzreihen hatte. Das war ein Großraumflugzeug, das vor allem auf Langstreckenflügen eingesetzt wird, weil darin viele Passagiere Platz finden. Bestimmt hast du dann auch bemerkt, dass man in diesen Flugzeugen gar nicht das Gefühl hat, in einer »Röhre« zu sitzen, wie das bei kleineren Flugzeugen der Fall ist. Ein Nachteil ist, dass du in der Mittelreihe keine Möglichkeit hast, aus dem Fenster zu schauen.

Lebende Tiere müssen für den Flug besonders gut gesichert werden.

Ein VW Käfer fliegt mit einer *Boeing 747-400* der Lufthansa an seinen Bestimmungsort.

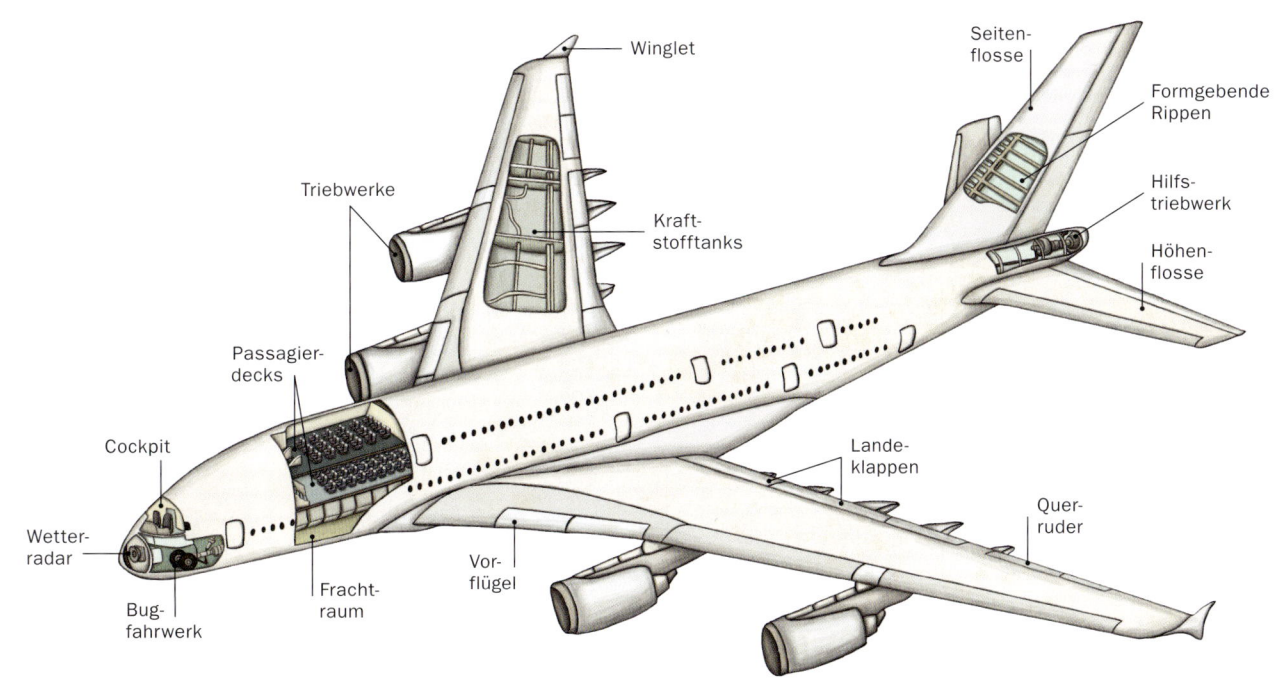

Schematische Darstellung des Airbus A 380

Winglet

Seitenflosse

Formgebende Rippen

Triebwerke

Kraftstofftanks

Hilfstriebwerk

Höhenflosse

Passagierdecks

Cockpit

Landeklappen

Querruder

Wetterradar

Bugfahrwerk

Frachtraum

Vorflügel

Militärische Luftfahrzeuge

Ein *Seahawk*-Hubschrauber vor dem Flugzeugträger *USS Enterprise*

Fliegende Tankstellen Einige Militärflugzeuge können während des Flugs betankt werden, z. B. um die Reichweite zu erhöhen. Dafür werden Tankflugzeuge eingesetzt, die oft Weiterentwicklungen von Frachtflugzeugen wie der *A310* oder der *Lockheed C-130 Hercules* sind. Diese haben entweder einen flexiblen Schlauch mit einer Art Trichter am Ende oder ein Rohr am Heck montiert, durch das der Kraftstoff fließt. Während des Tankvorgangs müssen die Piloten beider Flugzeuge möglichst ruhig fliegen, damit das Tankmanöver gelingt.

Zwei *F/A-18* Kampfflugzeuge werden in der Luft von einem *KC-135 Stratotanker* betankt.

Pilot im Cockpit einer *F-15E Strike Eagle*

Geheimaufträge in der Luft

Nahezu jede neue Entwicklung in der Luftfahrt nimmt ihren Anfang im militärischen Bereich, dementsprechend sind Militärflugzeuge oft mit modernsten Technologien ausgerüstet. Zahlreiche Rekorde werden von Kampfflugzeugen gehalten und viele Geheimprojekte werden erst nach vielen Jahren bekannt. Militärische Luftfahrzeuge werden für Einsätze unter extremen Bedingungen entwickelt und müssen höchsten Anforderungen genügen.

Kampfeinsätze Die wohl bekanntesten Militärflugzeuge sind Kampfjets wie die *F-22,* die *MiG-29* oder der *Eurofighter Typhoon.* Sie wurden für den Luftkampf entwickelt und haben sowohl ein Maschinengewehr als auch Raketen an Bord. Neben zahlreichen elektronischen Steuerungshilfen verfügen diese Flugzeuge über Computerdisplays und moderne Radargeräte und erreichen oft Geschwindigkeiten von mehr als 2000 Kilometern pro Stunde. Einige Kampfflugzeuge sind auch für Spezialaufgaben wie das Angreifen von Bodenzielen ausgerüstet.

Bomber können im Unterschied zu Kampfjets eine große Menge an Bomben über lange Strecken transportieren, sich aber in der Luft kaum verteidigen. Deswegen werden sie oft von wendigen Kampfflugzeugen begleitet. Kampfhubschrauber sind ebenfalls nur begrenzt für den Luftkampf geeignet und werden vor allem für den Angriff auf Bodenziele eingesetzt. Wie einige Kampfjets auch können sie problemlos von Flugzeugträgern aus starten und sind damit sehr flexibel einsetzbar.

Ein AWACS-Flugzeug der NATO aus Geilenkirchen wird auch als Einsatzleitzentrale eingesetzt.

Für humanitäre Einsätze können Transportflugzeuge Hilfsgüter und sogar ganze Lkws transportieren.

Spezialflugzeuge Ein großer Teil der militärischen Luftfahrzeuge ist aber gar nicht für den direkten Kampfeinsatz vorgesehen, sondern hat unterstützende oder sogenannte humanitäre Aufgaben. Sie helfen also den Menschen vor Ort. So ist die Bevölkerung in Krisengebieten oft von militärischen Hilfslieferungen abhängig. Transportflugzeuge gehören zu den wichtigsten Militärflugzeugen überhaupt, weil sie Material, Versorgungsgüter und auch Truppen transportieren können – und das an die entlegensten Orte der

Predator-Drohne

Im Drohnenkontrollzentrum

Welt unter schwierigsten Bedingungen. Deshalb müssen Transportflugzeuge besondere Anforderungen erfüllen. Sie sind besonders robust und für die Landung in unwegsamem Gelände wie Dschungel- oder Polargebieten ausgelegt und müssen schnell be- und entladen werden können. Auch Hubschrauber können vor allem auf kurzen Strecken als Transporter genutzt werden.

Für das Ausspähen von Informationen werden Aufklärungsflugzeuge eingesetzt, die möglichst unerkannt in das Zielgebiet einfliegen sollen. Mit modernster Ausrüstung machen sie beispielsweise Fotos, hören Funkverkehr ab und nehmen ihn auf. Diese Aufgabe übernehmen immer mehr unbemannte Luftfahrzeuge, die Drohnen. Die Radarüberwachung in der Luft wird von AWACS-Flugzeugen durchgeführt.

Fragen an Dirk Farsch, Pilot einer Drohne

Welchen Vorteil hat eine Drohne gegenüber einem normalen Flugzeug?
Das Gewicht des Cockpits und der Besatzung kann eingespart und dadurch zusätzliche Ladung oder Treibstoff mitgenommen werden. So können manche unbemannten Luftfahrzeuge einen ganzen Tag lang in der Luft bleiben. Außerdem wird kein Menschenleben an Bord gefährdet, wenn eine Drohne abstürzen sollte oder man einen gefährlichen Auftrag durchführen muss.

Welche Aufgabe hat eine Drohne?
Grundsätzlich kann eine Drohne alle Aufgaben eines normalen Flugzeugs abdecken. Die meisten heutigen Drohnen dienen der Aufklärung, also dem Fotografieren und Filmen aus der Luft, z. B. in Kriegsgebieten oder bei Naturkatastrophen. Diese Bilder und Filme können dann an Helfer weitergeleitet werden.

Wie wird das Flugziel angesteuert?
Wie im normalen Flugzeug vor allem durch Satellitennavigation. Auf einem Bildschirm wird eine Karte dargestellt, auf der die Drohne als kleines Flugzeugsymbol eingezeichnet ist. Zusätzlich werden Informationen über Geschwindigkeit, Flugrichtung, Wind, Lufträume und Luftstraßen sowie Sperrgebiete angezeigt.

Wo befindet sich der Pilot beim Steuern einer Drohne?
Bei der Drohne ist das Cockpit nicht im Flugzeug eingebaut, sondern in einer Kontrollstation, die mehrere tausend Kilometer von der Drohne entfernt sein kann. Die Verbindung zur Drohne besteht per Funk oder Satellit. Kleine Drohnen können auch ähnlich wie Modellflugzeuge mit einer handlichen Fernsteuerung gesteuert werden.

Hubschrauber

Rettungshubschrauber sind bei Unfällen schnell zur Stelle.

Polizeihubschrauber Die Polizei nutzt Hubschrauber für den schnellen Transport (z. B. von Sondereinsatzstaffeln), das Aufspüren von Personen (z. B. Flüchtigen oder Vermissten) oder die Beobachtung aus der Luft (z. B. bei großen Demonstrationen). Dementsprechend verfügen Polizeihubschrauber über eine Sonderausrüstung. Dazu gehören Suchscheinwerfer, Nachtsichtgeräte, Seilwinden, Wärmebildkameras und spezielle Radargeräte. Auch die Besatzung erwartet bei solchen Einsätzen eine besondere Belastung. Deshalb betreibt die deutsche Bundespolizei in Sankt Augustin bei Bonn eine eigene Flugschule.

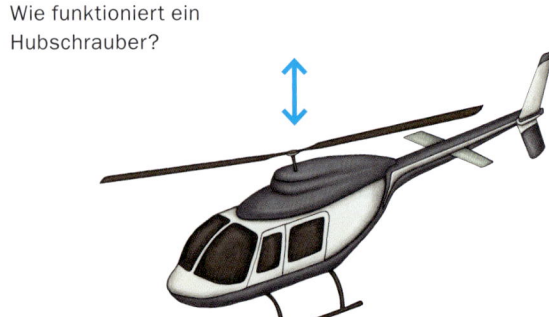

Der *Eurocopter X³* verbindet die Vorteile eines Hubschraubers mit denen eines Flugzeugs.

Luftfahrzeuge für Spezialeinsätze

Anstelle von Tragflächen verfügt ein Hubschrauber über einen oder mehrere drehbare Rotoren, die für Auftrieb sorgen. Dies ermöglicht es Hubschraubern, ganz ohne Rollstrecke senkrecht zu starten und zu landen oder auf der Stelle zu schweben, was in vielen Situationen ein großer Vorteil sein kann. Denk nur an einen Rettungshubschrauber, der bei einem Verkehrsunfall auf der Straße landen kann, was mit einem Flugzeug nicht möglich wäre. Gleichzeitig erreichen Hubschrauber aber auch Geschwindigkeiten von etwa 300 Kilometern pro Stunde.

Funktion Das senkrechte Starten und Landen wird durch die Rotorblätter ermöglicht, die ähnlich wie die Tragflächen eines Flugzeugs geformt sind und durch den Rotor stetig kreisförmig durch die Luft bewegt werden. Das Drehen des Rotors erzeugt neben dem Auftrieb der Blätter selbst allerdings auch eine Kraft, die den Rumpf des Hubschraubers in die entgegengesetzte Richtung bewegen möchte. Um diese Kraft auszugleichen, muss ein zweiter Rotor montiert werden. Dies kann entweder ein gegenläufiger großer Rotor oder ein kleiner Heckrotor sein. Es gibt sogar Hubschrauber mit vier Rotoren.

Der meist rechts im Cockpit sitzende Pilot steuert mit der linken Hand den Winkel der Rotorblätter. Damit wird ein Steigen oder Sinken eingeleitet. Mit der rechten Hand kann er über den Steuerknüppel die Rotorebene neigen und damit nach vorne, nach hinten sowie ein Kippen zur Seite steuern. Über die Pedale wird der Heckrotor angesteuert, wodurch sich der Hubschrauber nach rechts oder links bewegt. Hubschrauber zu fliegen funktioniert also nur mit vollem Körpereinsatz.

Wie funktioniert ein Hubschrauber?

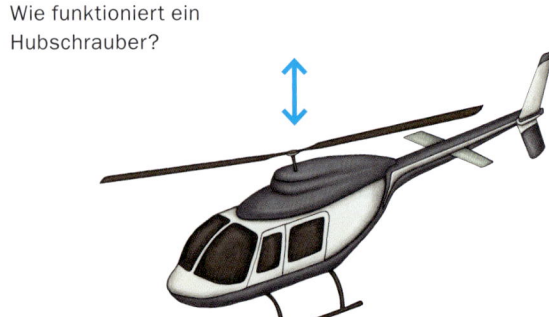

Waagerechte Rotorblätter im Schwebe-, Steig- und Sinkflug

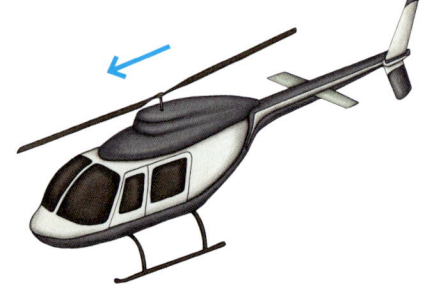

Nach vorne geneigte Rotorblätter im Vorwärtsflug

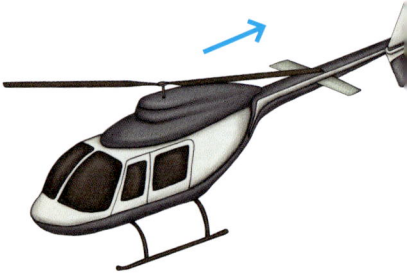

Nach hinten geneigte Rotorblätter im Rückwärtsflug

Alleskönner Rettungsdiensten bietet ein Hubschrauber optimale Möglichkeiten, um Verletzte zu bergen und schnell zu transportieren. Wenn du im Gebirge – beispielsweise beim Wandern oder Skifahren – schwer verunglückst, wird die Bergrettung zu Hilfe gerufen. Diese ist auf die Bergung in unzugänglichen Gebieten spezialisiert, was für Hubschrauber und Besatzung eine besonders anspruchsvolle Aufgabe ist. Modernste Ausrüstungen im Hubschrauber und häufiges Training sind notwendig, um unter diesen schwierigen Bedingungen arbeiten zu können.

Ein Lastenhubschrauber mit zwei Rotoren im Einsatz

Auch bei der Polizei und zur Brandbekämpfung kommen Hubschrauber zum Einsatz, dann mit einer Spezialausrüstung zur Überwachung und Verfolgung oder zum Löschen von Bränden. Praktisch sind Hubschrauber auch zum Transport an schwer zugängliche Orte wie Bohrinseln oder im Gebirge. Das Militär nutzt Hubschrauber sowohl als Transporter für Güter und Personen als auch für den Kampfeinsatz, vor allem für den Angriff von Bodenzielen.

...artungsarbeiten am Windrad

...pezialeinheiten der Polizei ge-
...ngen mit einem Hubschrauber
...chnell zum Einsatzort.

Seitwärts geneigte
Rotorblätter für den
Seitwärtsflug

Fragen an Gerald Lehner, Redakteur beim ORF und Bergrettungsmann beim Bergrettungsdienst Österreich

Können bei jedem Wetter Einsätze geflogen werden?
Nein, dichter Nebel macht Flüge unmöglich. Die Navigationsausrüstung wird zwar immer moderner, aber ein Minimum an Bodensicht ist nötig. Der Pilot muss sich zum Steuern an einem festen Punkt wie einer Felswand oder einem Baum orientieren können. Auch bei Sturm oder nachts sind Rettungsflüge nicht oder kaum möglich.

Welche Ausrüstung ist an Bord vorhanden?
Alles, was in einer kleineren Intensivstation eines Krankenhauses auch da wäre: Geräte für künstliche Beatmung, Herz-, Kreislauf- und Lungenüberwachung und zum Absaugen von Schleim, Blut und Erbrochenem aus den Atemwegen. Im Einsatzrucksack sind noch Plasma-Blutersatz, verschiedenste Arzneien und Bestecke für Notoperationen.

Welche Bergung ist besonders schwierig?
Wenn ein Unfallopfer sich in sehr steilem oder überhängendem Gelände befindet. Dann muss der Hubschrauber zunächst in der Nähe landen, damit das Rettungstau unter die Maschine gehängt werden kann. An dem Tau hängend werden Flug- und Bergretter sowie Notarzt zum Unfallopfer geflogen, wo sie sich selbst sichern und aushängen. Wenn der Verletzte erstversorgt und transportfähig ist, wird er am Tau zum Zwischenlandeplatz geflogen und zusammen mit den Helfern an Bord genommen, ehe es ins Krankenhaus geht.

Welcher Einsatz ist Ihnen besonders in Erinnerung geblieben?
Ein schwer verletzter Bergsteiger im Gebiet des Hochkönigs (ein fast 3000 Meter hoher Berg in Österreich), der eine steile Rinne heruntergerutscht und mit dem Kopf gegen die Felsen geprallt ist. Wegen des steilen Geländes war keine Landung neben dem Verletzten möglich, sodass der Pilot nur mit der Kufe den Steilhang berührte, um die Notärztin aus dem schwebenden Hubschrauber abzusetzen.

Wie lange brauchen Besatzung und Hubschrauber, bis sie zum Einsatzort starten können?
Bei optimalen Bedingungen ist die Besatzung in zwei Minuten bereit zum Abheben. Die Maschine steht immer aufgetankt vor dem Stützpunkt.

Die Bergung eines Verletzten ist in den Bergen oft nur mit dem Hubschrauber möglich.

Besondere Luftfahrzeuge

Löschflugzeuge Vor allem bei großen Flächenbränden oder in Wäldern und Gebirgen kommen Löschflugzeuge zum Einsatz. Sie haben einen großen Tank mit Wasser oder Löschmittel an Bord, das über dem Brand abgelassen wird. Wenn Flugboote als Löschflugzeug eingesetzt werden, können sie den Tank sogar immer wieder im Wasser auffüllen, ohne extra landen zu müssen. Das Fliegen von Löschflugzeugen ist besonders anspruchsvoll, weil das Flugzeug beim Leeren des Tanks und im Bereich des Brands großen Belastungen und Aufwinden ausgesetzt ist. Auch Hubschrauber können zur Brandbekämpfung eingesetzt werden.

Der Senkrechtstarter *Bell-Boeing V-22* mit kippbaren Rotoren

Fragen an Ivo Mynter, Krankentransportflugzeugpilot

Wie schnell sind Flugzeug und Besatzung einsatzbereit?
Ein Ambulanzflug ist sehr schnell organisiert: Die Einsatzzentrale ist rund um die Uhr besetzt und eine komplette Besatzung ist ständig in Bereitschaft. Daher kann das Flugzeug innerhalb von 60 Minuten starten.

Welcher Einsatz ist Ihnen besonders in Erinnerung?
Ich erinnere mich an zwei Transporte besonders: Einmal haben wir ein 13-jähriges Kind aus Frankreich abgeholt, das in den Ferien auf dem Fahrrad von einem Auto angefahren wurde. Der Junge wurde im Koma, also bewusstlos, nach Deutschland verlegt. Auch denke ich öfters an einen neunjährigen Jungen, der ein Spendeorgan erhalten sollte. Diesen Jungen haben wir aus der Pfalz nach Hannover zur Operation geflogen. Ich hoffe sehr, dass es beiden gut geht.

Muss das Flugzeug eine besondere Ausstattung haben?
Patientenflüge werden von Ärzten oder Rettungsassistenten begleitet. Bei diesen Flügen ist weitere Ausstattung, wie bei einem Notarztwagen, an Bord. Wenn ein Mensch liegend transportiert wird, müssen Sitze ausgebaut und eine Trage eingebaut werden.

Für alle Fälle

Viele Luftfahrzeuge haben außergewöhnliche Aufgaben, eine besondere Ausstattung oder sind für spezielle Einsatzgebiete konstruiert worden. Der Senkrechtstarter oder das Kunstflugzeug sind Beispiele für solche Flugzeuge, die oft nur mit einer Zusatzausbildung geflogen werden dürfen.

Krankentransport Vielleicht bist du schon einmal im Urlaub schwer erkrankt und musstest auf dem schnellstmöglichen Weg wieder nach Hause? Für den Fall, dass jemand so krank oder verletzt ist, dass er nicht auf normalem Weg die Heimreise antreten kann, sind Ambulanzflugzeuge ausgelegt. Anstelle von Sitzreihen sind dort eine Liege und viele medizinische Geräte zur Versorgung des Patienten eingebaut. Oft fliegt auch ein Arzt oder ein Sanitäter mit. Damit es in diesen Fällen besonders schnell geht, haben Ambulanzflüge ein Vorflugrecht gegenüber fast allen anderen Flugzeugen und sind die ersten, die eine Durchflug- oder Lande-

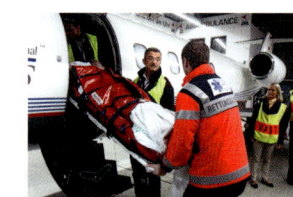

Transport eines Patienten in Ambulanzflugzeug

freigabe bekommen. Das ist wie bei einem Krankenwagen, der mit Blaulicht und Martinshorn fährt. Da müssen auch alle anderen Verkehrsteilnehmer Platz machen.

Forschung Wenn du wissen möchtest, wie schnell ein Stück Holz im Wasser schwimmt, kannst du es ganz einfach ausprobieren und einen Zweig in einen Bach oder See werfen. Genauso werden auch in der Luftfahrt viele neue Ideen überprüft – durch Ausprobieren und Beobachten. So verfügen große Flugzeughersteller und Forschungseinrichtungen über spezielle Forschungsflugzeuge, die mit zahlreichen Sonden und Messgeräten ausgestattet sind. Damit können z. B. neue Triebwerke, Tragflächen oder Bauweisen erprobt werden. Andere Flugzeuge sind wiederum dafür ausgelegt, Messungen in der Atmosphäre, also in der Lufthülle um die Erde, durchzuführen und dort Luftproben zu entnehmen. Das Deutsche Zentrum

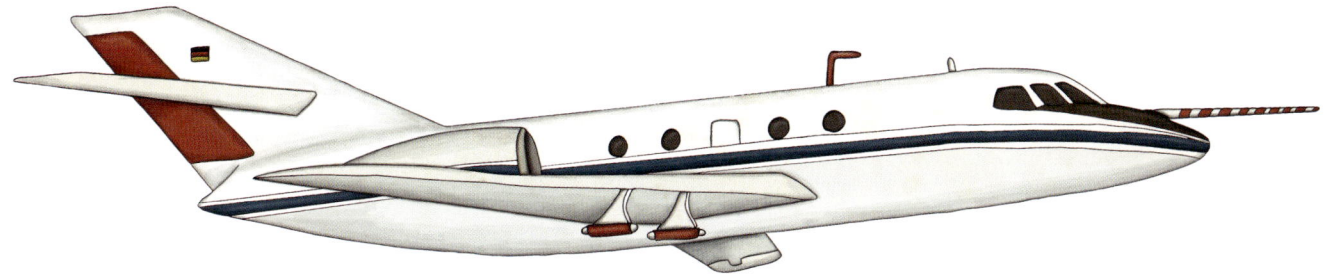

Das Forschungsflugzeug
Icon 20 des DLR kann
Messungen in sehr großen
Höhen vornehmen.

für Luft- und Raumfahrt (DLR) verfügt über die größte Flotte ziviler Forschungsflugzeuge in Europa und führt damit regelmäßig Messungen und Versuche durch.

Eis und Wasser Für einen Spezialeinsatz sind auch Flugboote und Wasserflugzeuge ausgelegt. Wasserflugzeuge haben anstelle des Fahrwerks Schwimmer unter dem Rumpf montiert, die das Untergehen im Wasser ver-

Ein Flugzeug mit Kufen für
den Einsatz auf Eis

hindern. Manche Flugzeuge haben zusätzlich ein ausfahrbares Fahrwerk in den Schwimmern integriert, um auch an Land rollen zu können. Ebenso gibt es Flugzeugtypen mit Kufen, die auf Eis starten und landen können. Wasserflugzeuge kommen vor allem in abgelegenen Gebieten z. B. in Nordamerika oder Inselstaaten wie den Malediven zum Einsatz.

Flugboote haben hingegen einen schwimmfähigen Rumpf, mit dem sie auf Wasserflächen landen können. Im Passagierverkehr wurden Flugboote vor allem bis zur Mitte des 20. Jahrhunderts eingesetzt und spielen heute keine große Rolle mehr.

Aktiv Flugzeuge selbst bauen Es hört sich vielleicht ein wenig verrückt an, aber du kannst dir tatsächlich ein eigenes Flugzeug bauen. Natürlich ist das nicht so einfach und bedarf neben handwerklichem Geschick und viel Ausdauer auch zahlreicher Genehmigungen durch die Behörden. Es gibt neben Bauplänen auch ganze Bausätze für Flugzeuge.

Diese haben den Vorteil, dass der Flugzeugtyp bereits getestet wurde und somit leichter eine Zulassung durch die Behörden bekommt. Wenn du Interesse am Bau eines Flugzeugs hast, hör dich an einem Flugplatz in deiner Nähe um – vielleicht wird dort gerade ein Flugzeug gebaut und du kannst dabei zuschauen.

Der Schweizer Edy Schütz
schweißt an seinem eigenen
Flugzeug – inklusive Testphase
eine Arbeit von sieben Jahren!

Die Solar Impulse des Schweizers Bertrand Piccard
(siehe Kasten S. 45) wird nur mit Sonnenenergie betrieben.

Die Anforderungen an moderne Turbinentriebwerke sind hoch: Sie sollen leise, stark und sparsam sein.

Luftfahrzeugtechnik

Es ist ein faszinierender Anblick, wenn du auf der Besucherterrasse eines Flughafens beobachten kannst, wie ein viele Tonnen schweres Flugzeug beschleunigt und schließlich abhebt. Wie ist das möglich, wo es doch schon viel Kraft kostet, für einen kurzen Moment hoch in die Luft zu springen? Es hat lange gedauert, bis Wissenschaftler die aerodynamischen Effekte so weit verstanden, dass auch schwere Flugzeuge mit vielen Passagieren problemlos abheben konnten. Moderne Flugzeuge nutzen heute verschiedene Mechanismen, um bereits nach kurzer »Anlaufstrecke« abzuheben.

In jedem Quadratmeter eines modernen Luftfahrzeugs steckt hoch entwickelte Technik, die das Reisen sicher und vorhersehbar macht. Das Cockpit ist die Schaltzentrale, in der die Daten aller Systeme wie z. B. der Funkempfänger und Messgeräte zusammenlaufen und gesteuert werden. Ein Ausfall von Systemen ist zum einen sehr unwahrscheinlich, zum anderen verfügt jedes System über Sicherheitsmechanismen, die bei einem Problem sofort einspringen würden. Du kannst dich beim Fliegen also ganz beruhigt zurücklehnen.

Auch in der Passagierkabine profitierst du während einer Flugreise von fortschrittlichen Technologien. Eine schalldichte Außenwand und leise, sparsame Triebwerke lassen dich in Ruhe ein Gespräch mit dem Nachbarn führen oder Musik hören. Eine geräumige Kabine und eine angenehme Luftfeuchtigkeit tragen ebenso zu einem schönen Flugerlebnis bei wie die Möglichkeit, sich die Reisezeit mit einem Film zu verkürzen.

Die Entwicklung wird auch zukünftig mit großen Schritten vorangehen und das Fliegen für die Passagiere noch angenehmer und noch sicherer machen. Dabei steht die Umweltverträglichkeit immer stärker im Vordergrund. Flugzeugingenieure von morgen erwarten spannende Herausforderungen!

Aerodynamik

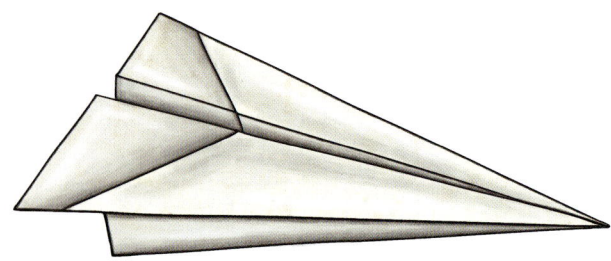

Warum ein Flugzeug fliegt

Um es gleich vorauszuschicken: Die Frage »Warum fliegt ein Flugzeug?« ist eine der schwierigsten der ganzen Luftfahrt. Um das Verhalten von Luftfahrzeugen in der Luftströmung zu untersuchen, werden deswegen zahlreiche Versuche und Computersimulationen durchgeführt, bevor ein Flugzeug gebaut wird.

Kräfte Zunächst müssen vier Kräfte betrachtet werden, die in vier verschiedene Richtungen wirken: Die Vortriebskraft wirkt in Bewegungsrichtung nach vorne und die Widerstandskraft genau entgegengesetzt nach hinten. Beide Kräfte spürst du auch beim Fahrradfahren. Wenn du mit viel Kraft in die Pedale trittst, bewirkst du einen großen Vortrieb und die Geschwindigkeit steigt. Gleichzeitig steigt aber auch der Widerstand, den du als Fahrtwind spürst und der genau entgegen deiner Fahrtrichtung wirkt. Solange du schneller wirst, ist die Vortriebskraft größer als die Widerstandskraft. Sobald du nicht mehr in die Pedale trittst, ist die Widerstandskraft größer und dein Fahrrad wird gebremst.

Außerdem wirkt die Gewichtskraft die ganze Zeit nach unten. Das spürst du deutlich, wenn du eine Hand vom Lenker nimmst und deinen Arm ganz locker lässt – er baumelt nach unten. Die entscheidende Kraft, die ein Flugzeug fliegen lässt, ist der Auftrieb, den du mit deinem Fahrrad aber nicht ausreichend erzeugen kannst, um zu fliegen. Der Auftrieb wirkt der Gewichtskraft entgegen und muss diese übersteigen, damit das Flugzeug abheben kann.

> Alles Fliegen beruht auf der Erzeugung vor Luftwiderstand, alle Flugarbeit besteht in der Überwindung von Luftwiderstand.
>
> **Otto Lilienthal**

Aktiv Auftrieb erzeugen Auftrieb kannst du auch mit deiner Hand erzeugen: Wenn du deine flache Hand mit dem Daumen in Fahrtrichtung vorsichtig aus dem Autofenster hältst und vorne leicht anhebst, spürst du deutlich, dass sich deine Hand nach oben bewegt – du erzeugst durch das Kippen der Hand in der Luftströmung Auftrieb, ähnlich wie die Tragfläche bei einem Flugzeug. Die Anströmrichtung und die Ebene deiner Hand bilden den sogenannten Anstellwinkel.

Halte Deine Handfläche flach!
Deine Hand wird auf derselben Höhe bleiben

Drehe Deine Handfläche leicht in den Wind.
Deine Hand wird nach oben steigen.

Klappen Tragflächen sind normalerweise so konstruiert, dass sie im schnellen Reiseflug den größten Auftrieb erzeugen. Um auch bei niedrigen Geschwindigkeiten – z. B. im Landeanflug – noch ausreichend Auftrieb zu erzeugen, wurden Landeklappen entwickelt. Diese sind meist an der Hinterkante der Tragflächen angebracht und können nach hinten unten ausgefahren werden. Wenn du bei deinem nächsten Flug einen Platz an der Tragfläche hast, kannst du das gut beobachten. Diese Klappen verändern die Form der Flügel und erzeugen dadurch mehr Auftrieb. So werden geringere Geschwindigkeiten möglich, wodurch sich u. a. die Landestrecken verkürzen. Klappen an der Flügelvorderkante gibt es auch: die sogenannten Vorflügel. Sie erfüllen den gleichen Zweck.

Ausgefahrene Klappen am Tragflügel

Ein loses Blatt Papier fällt deutlich langsamer zu Boden als ein zusammengeknülltes, weil es in der Luft mehr »Angriffsfläche« bietet und somit mehr Widerstand erzeugt.

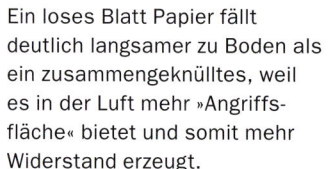

Papierflieger mit
»Seitenleitwerk«

Auftrieb wird bei Flugzeugen durch die Tragflächen erzeugt, die meist eine runde Vorderkante haben und nach hinten spitz zulaufen. Dies muss nicht so sein, denn auch ein Brett kann Auftrieb erzeugen. Diese Form der Tragflächen ist aber aerodynamisch am günstigsten. Auftrieb entsteht, wenn auf der Ober- und unter der Unterseite unterschiedlicher Druck herrscht. Auf der Oberseite soll niedriger Druck den Tragflügel nach oben ziehen und auf der Unterseite soll hoher Druck den Tragflügel nach oben drücken. Dies wird erreicht, indem die Tragfläche gegenüber der Strömung gekippt – in der Luftfahrt sagt man »angestellt« – wird.

Sobald der Luftstrom an der vorderen Unterkante auf die Tragfläche trifft, teilt er sich am sogenannten Staupunkt – ein Teil bewegt sich oben entlang der Tragfläche, ein anderer Teil unten. Im Bereich der vorderen Oberkante werden die Stromlinien durch den Anstellwinkel enger zusammengedrängt, wodurch die Strömungsgeschwindigkeit steigt und der Druck abnimmt – es entsteht Unterdruck, der den Flügel nach oben zieht. Auf der Unterseite haben die Stromlinien hingegen mehr Platz, wodurch die Strömungsgeschwindigkeit sinkt und der Druck steigt – es entsteht Überdruck, der den Flügel nach oben drückt.

Einige Flugzeuge wie dieser Airbus haben an den Enden der Tragflächen sogenannte Winglets, um den Auftrieb zu erhöhen und den Luftwiderstand zu verringern. Das spart mehrere Tonnen Kraftstoff.

Die Grenzschicht Jeder Gegenstand hat auf seiner Oberfläche Unebenheiten, auch wenn diese manchmal nur unter einem Mikroskop zu erkennen sind. Für die Luftteilchen, die an der Oberfläche der Tragflügel vorbeiströmen, wirken diese Unebenheiten wie kleine Hindernisse und bremsen die Teilchen ab. Dieser sogenannte Reibungseffekt ist so stark, dass die Luftteilchen direkt an der Oberfläche zum Stillstand kommen. Weil die Luftteilchen zusammenhängen, bremsen Luftteilchen nahe an der Oberfläche auch andere Luftteilchen ab, die weiter von der Oberfläche entfernt sind. Dieser Bereich, in dem die Luftteilchen abgebremst werden, wird »Grenzschicht« genannt. Damit die Strömung an der Tragfläche nicht zu stark gebremst wird, ist es wichtig, die Tragflächen vor dem Flug von »Hindernissen« wie Schnee oder Raureif zu reinigen.

Chemische Enteisung eines Flugzeugs von der Lufthansa

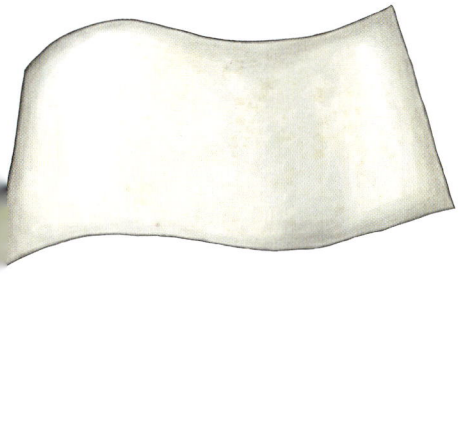

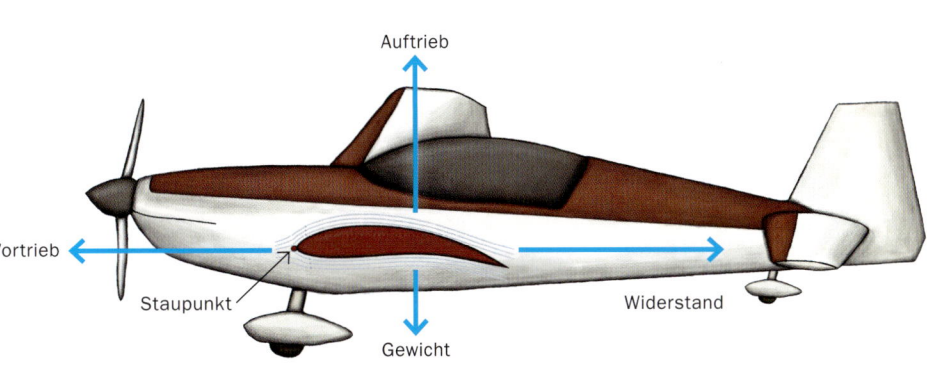

Auftrieb

Vortrieb

Staupunkt

Gewicht

Widerstand

Der Antrieb

Techniker überprüfen ein Jet-Triebwerk

Die Propellerblätter sind von der Wurzel zur Spitze leicht verdreht.

Zuverlässigkeit Flugzeugtriebwerke werden häufig kontrolliert und sind heute so zuverlässig, dass ein Triebwerksausfall sehr unwahrscheinlich ist. Selbst wenn bei einem mehrstrahligen Flugzeug ein Triebwerk ausfallen sollte, sind ein Weiterflug und eine sichere Landung mit den verbleibenden Triebwerken problemlos möglich. Für Flugzeuge mit zwei Triebwerken gelten besondere Bestimmungen: So muss bei einem Triebwerksausfall über dem Ozean der nächste Flugplatz innerhalb einer bestimmten Zeit zu erreichen sein. Bei besonders zuverlässigen Triebwerken können dies über fünf Stunden sein.

Ein Lufthansa-Mechaniker optimiert die Triebwerkseinstellungen.

Gas geben in der Luft

Zum Fortbewegen benötigt ein Luftfahrzeug ebenso wie ein Auto einen Antrieb. Abgesehen von wenigen Ausnahmen wie Segelflugzeugen oder Hängegleitern haben die meisten Luftfahrzeuge ein oder mehrere Triebwerke. Diese liefern durch die Verbrennung von Treibstoff den benötigten Schub nach vorne.

Kolbentriebwerke kommen vor allem bei kleineren Sport- und Privatflugzeugen zum Einsatz und funktionieren wie ein Automotor. Durch die Zündung eines Luft-Kraftstoff-Gemischs kommt es zu einer Explosion im Zylinderraum, wodurch der bewegliche Kolben nach unten schnellt. Der Kolben hat durch diesen Vorgang so viel Energie aufgenommen, dass er bis zur nächsten Zündung in Bewegung bleibt. Flugzeug-Kolbenmotoren leisten ca. 2500 Umdrehungen pro Minute, sodass zwischen zwei Zündungen nur ein Sekundenbruchteil Zeit ist.

Um daraus den gewünschten Vortrieb zu erzeugen, wird die Kolbenbewegung mittels einer mechanischen Verbindung aus Pleuel, Kurbelwelle und Getriebe auf den Propeller übertragen. Dieser hat ein ähnliches Profil wie eine Tragfläche und »zieht« das Flugzeug durch die Luft. Die Vortriebskraft hängt dabei von der Propellerdrehzahl und seinem Anstellwinkel ab. Einige Propeller können den Blattwinkel zusätzlich verstellen, um in jeder Flugphase die höchste Leistung zu erzielen.

Zündkerzen
Einlass-ventil
Ausla-ventil
Zylinder
Kolben
Pleuel
Kurbel-welle

Turbinen-triebwerk

Turbinentriebwerke werden in den meisten Militär- und Verkehrsflugzeugen eingesetzt, weil sie hohe Geschwindigkeiten, große Flughöhen und lange Distanzen ermöglichen. Diese sogenannten Strahltriebwerke arbeiten nach dem Rückstoßprinzip, das du ganz einfach mit einem Luftballon ausprobieren kannst: Wenn du ihn aufbläst und anschließend loslässt, strömt die Luft mit hoher Geschwindigkeit aus dem Ballon und bewegt ihn in die entgegengesetzte Richtung.

In Strahltriebwerken wird die Luft zunächst angesaugt und in einem sogenannten Kompressor zusammengepresst und dadurch verdichtet. Das bewirkt einen Temperaturanstieg. Anschließend wird die Luft in die Brennkammer geleitet, wo Kraftstoff eingespritzt und verbrannt wird. So entsteht ein Gasgemisch, das über 2000 Grad Celsius heiß ist. Bevor dieses mit hoher Geschwindigkeit durch eine Schubdüse ausgestoßen wird und das Flugzeug damit nach vorne bewegt, treibt es noch eine Turbine an, die wiederum den Kompressor antreibt und damit das Triebwerk am Laufen hält.

Moderne Mantelstromtriebwerke (Turbofans) nutzen die Energie aus dem Abgasstrahl zusätzlich, um einen sogenannten Fan (engl. für »Gebläse«) anzutreiben. Dieser Fan beschleunigt die Luft und führt den Großteil um die Turbine herum, nur ein kleiner Teil wird in die Brennkammer geleitet. Fast die gesamte Schubkraft entsteht dabei durch den umgeleiteten beschleunigten Luftstrom, der auch Nebenstrom genannt wird. Mantelstromtriebwerke verbrauchen weniger Treibstoff und sind deutlich leiser als normale Strahltriebwerke.

Turboprops Wenn du in einem Passagierflugzeug mit Propeller fliegst, hat das Flugzeug höchstwahrscheinlich kein Kolbentriebwerk eingebaut, sondern ein Propellerturbinenluftstrahltriebwerk – oder einfach Turboprop. Dabei handelt es sich um ein Turbinenstrahltriebwerk, das den Propeller mit der aus dem Verbrennungsprozess gewonnenen Energie antreibt. Dieser sorgt dann für die Schubkraft nach vorne. Vor allem Regionalflugzeuge setzen diese Triebwerke ein, die in Höhen bis acht Kilometer und bei Fluggeschwindigkeiten von etwa 800 Kilometern pro Stunde am leistungsfähigsten sind.

Kondensstreifen Sicher hast du an einem klaren Tag schon einmal zum Himmel geblickt und ganz weit oben ein Flugzeug gesehen, das einen weißen Streifen hinter sich herzog. Diese Kondensstreifen sehen aus wie langgezogene Wolken – und das sind sie auch. Sie entstehen, wenn sich der Wasserdampf aus den Abgasen des Flugzeugs abkühlt und kondensiert, also zu flüssigem Wasser wird. Bei Temperaturen von weniger als −40 Grad Celsius, die in großen Flughöhen von etwa acht Kilometern herrschen, gefrieren die so entstandenen winzigen Wassertropfen sofort zu Eiskristallen. Sobald sich genug Eiskristalle zusammengeschlossen haben, werden sie sichtbar und erscheinen uns als Kondensstreifen.

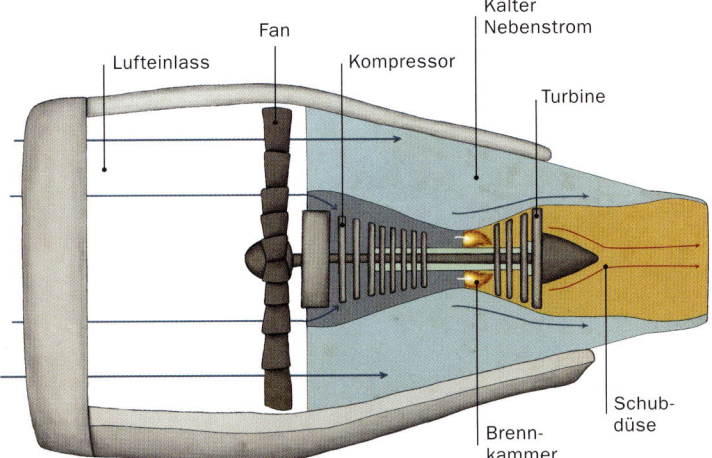

Fan

Lufteinlass

Kompressor

Kalter Nebenstrom

Turbine

Brennkammer

Schubdüse

Die Steuerung

Mit Nurflüglern werden zahlreiche Tests durchgeführt.

Der koordinierte Kurvenflug Wenn du im Auto schnell um eine Kurve fährst, spürst du eine Kraft, die dich entgegen der Kurvenrichtung seitlich aus dem Sitz drücken möchte: die Zentrifugalkraft. Im Flugzeug wirkt diese Kraft hingegen nicht seitlich, sondern drückt dich senkrecht in den Sitz. Der Grund dafür ist, dass sich das Flugzeug »in die Kurve legt«, ähnlich wie du es bei einer schnell gefahrenen Kurve auf dem Fahrrad machst.

Um so eine »koordinierte Kurve« zu fliegen, müssen neben den Seitenrudern auch die Querruder bewegt werden. Der Pilot dreht bei einer Linkskurve das Steuerhorn nach links und tritt gleichzeitig das linke Pedal. Wie stark er das Pedal treten muss, zeigt ihm die »Libelle« an. Das ist eine Kugel in einem mit Flüssigkeit gefüllten Röhrchen, die in der Mitte gehalten werden muss, vergleichbar mit einer Wasserwaage (siehe Abbildung). Du erkennst eine gut koordinierte Kurve daran, dass sich das Wasser in einem Glas nicht oder nur sehr wenig zur Seite neigt.

Blick aus dem Fenster während eines Kurvenflugs

Bewegung um drei Achsen

Anders als ein Auto, das nur nach rechts und links steuern kann, bewegen sich Flugzeuge während des Flugs um drei Achsen: die Hochachse, die Querachse und die Längsachse. Alle Achsen kreuzen sich im Schwerpunkt des Flugzeugs. Die Hochachse verläuft von oben nach unten durch das Flugzeug, die Querachse von links nach rechts durch die Tragflächen und die Längsachse durchzieht das Flugzeug von vorne nach hinten.

Eine Bewegung um die Hochachse nach rechts oder links wird »Gieren« genannt, ein Heben oder Senken der Flugzeugnase um die Querachse bezeichnet man als »Nicken«. Beim Kippen nach rechts oder links um die Längsachse spricht man von »Rollen«. Alle diese Bewegungen werden mithilfe der Ruder eingeleitet.

Ruder sind beweglich am Flugzeug montiert und erzielen ihre Wirkung durch den Ausschlag, also ihre Ausrichtung in der Luftströmung, wodurch sich Auftrieb und Widerstand verändern. Sie funktionieren nur während des Flugs, wenn die Luft schnell um das Flugzeug herumströmt, nicht aber am Boden. Schlägt ein Ruder am Ende eines Tragflügels nach unten aus, erhöht sich der Auftrieb und der Flügel bewegt sich nach oben. Bei einem Ausschlag des Ruders nach oben wird der Auftrieb hingegen geringer und die Tragfläche bewegt sich nach unten.

Genauso funktionieren Ruder bei Gierbewegungen nach rechts und links. Sie werden mit dem Seitenruder gesteuert, das am Seitenleitwerk montiert ist. Das Höhenruder am Höhenleitwerk steuert das Nicken um die Querachse: also Nase hoch und Nase runter. Es befindet sich jeweils

Auch ein Papierflugzeug braucht Höhenruder!

ein Querruder an der rechten und linken Tragfläche. Mit ihrer Hilfe rollt das Flugzeug um die Längsachse nach rechts oder links. Während des Rollens hebt sich die eine Tragfläche und senkt sich gleichzeitig die andere. Die beiden Querruder schlagen immer entgegengesetzt aus.

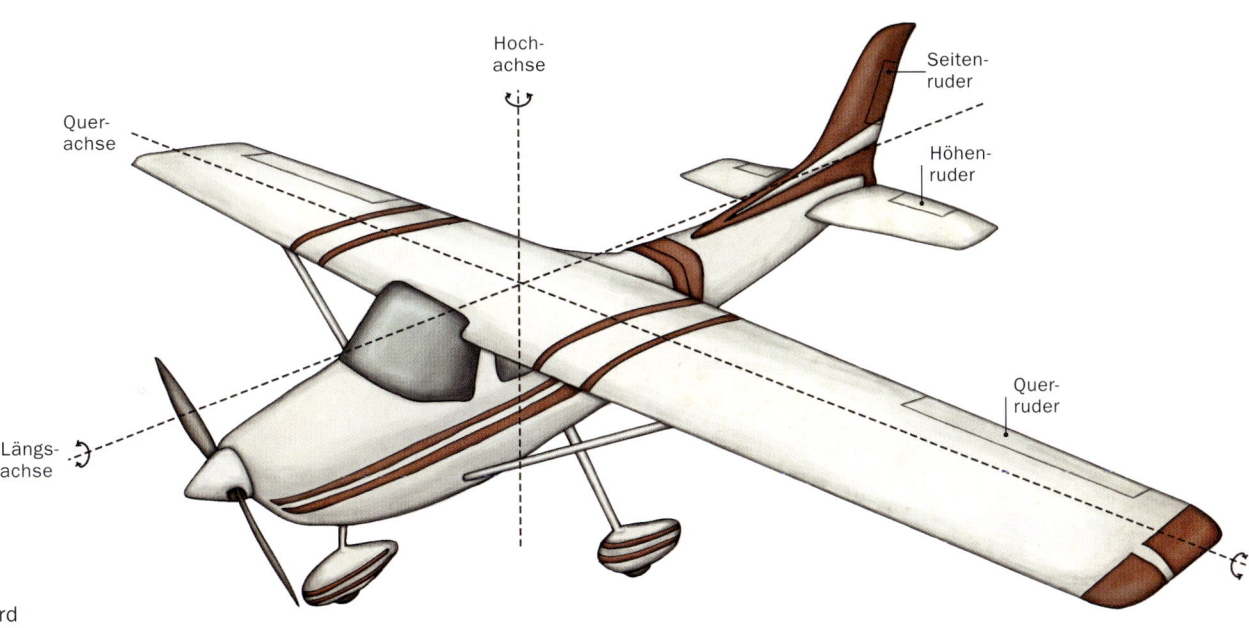

Hoch-
achse

Seiten-
ruder

Quer-
achse

Höhen-
ruder

Längs-
achse

Quer-
ruder

ithilfe der Ruder wird
n Flugzeug um seine
chsen gesteuert.

Es gibt auch sogenannte Nurflügel-Flugzeuge, die gar kein Leitwerk haben, sondern nur aus einem großen Flügel bestehen. Die Concorde hatte hingegen zwar ein Seitenleitwerk, jedoch kein Höhenleitwerk. Bei diesen besonderen Konstruktionen müssen andere Ruder mehrere Funktionen übernehmen, was die Steuerung meist schwieriger macht.

Steuerhorn Der Pilot steuert die Quer- und Höhenruder aus dem Cockpit mithilfe eines Steuerhorns oder Sidesticks an. Ein Steuerhorn sieht so ähnlich aus wie ein ovales Lenkrad, ein Sidestick wie ein Computer-Joystick. Das Seitenruder wird durch Pedale im Fußraum gesteuert. Bei kleinen Flugzeugen wird die Bewegung mechanisch über Seilzüge und Stangen zum Ruder übertragen. Große und moderne Flugzeuge wandeln die Steuereingaben des Piloten zunächst in elektrische Signale um, die zu den Rudern übertragen und dort wieder in Bewegungen umgesetzt werden. Dieses Verfahren wird englisch *fly by wire* (etwa: »Fliegen mit Kabeln«) genannt.

Aktiv Ruder im Schlauchboot Ruder an Flugzeugen funktionieren ähnlich wie bei einem Schiff. Wenn du in einem Schlauchboot fährst, kannst du das Paddel auch als Ruder benutzen: Halte es während der Fahrt hinten so aus dem Boot, dass es hochkant gleichmäßig vom Wasser umströmt wird. Wenn du es nun nach rechts oder links bewegst, merkst du zunächst einen deutlichen Widerstand. Gleichzeitig bewegt sich das Boot mit dem Bug in die Richtung, in der du das Paddel im Wasser ausgeschlagen hast. Flugzeugruder funktionieren ähnlich, nur dass sie nicht von Wasser, sondern von Luft umströmt werden.

Steuerung am Boden Am Boden müssen Flugzeuge sich an vorgegebene Strecken halten, die auf Flughäfen durch gelbe Linien markiert sind. Die Bewegung des Bugrads am Boden erfolgt bei großen Flugzeugen oft durch ein Steuerrad im Cockpit, bei

kleineren Flugzeugen durch die Pedale. Eine Bewegung des Steuerhorns hat am Boden also keine Auswirkung auf die Bugradsteuerung. Gebremst wird übrigens auch mit den Pedalen, indem sie gleichmäßig nach vorne gekippt werden.

Pedale eines Kleinflugzeugs

Das Cockpit

Landeanflug eines *Airbus A321* bei dichtem Nebel

Die Schaltzentrale von Flugzeugen

Das Cockpit ist das Herz und der funktionelle Mittelpunkt eines Luftfahrzeugs. Von hier aus erfolgen die Steuerung und die Überwachung des Flugs. Der Aufbau von Cockpits kann sich deutlich unterscheiden: Kleine Sportflugzeuge und viele Kampfjets sind für nur einen Piloten ausgelegt, der deswegen auch alle Schalter und Instrumente erreichen muss. Ein Verkehrsflugzeug hat meist zwei Personen Besatzung, sodass viele Systeme mehrfach vorhanden sind. Bei manchen Flugzeugen sitzen bis zu sechs Personen im Cockpit, die jeweils spezielle Aufgaben haben, z. B. navigieren.

Instrumente sind die Schnittstelle zwischen Flugzeug und Pilot – mithilfe der Instrumente kann der Pilot auch in Wolken, bei schlechtem Wetter oder nachts fliegen. Die wichtigsten Instrumente wie Kompass, Höhenmesser, Fahrtmesser und künstlicher Horizont sind auch in kleinen Flugzeugen vorhanden. Daneben gibt es eine Vielzahl von Navigations- und Überwachungsinstrumenten, die je nach Ausstattung eingebaut sind. Sie zeigen z. B. den Anflugkurs bei der Landung, den Tankinhalt, die Propellerdrehzahl oder den Kabinendruck an.

Kleine Sportflugzeuge bieten nur Platz für den Piloten.

Damit die Besatzung die vielen Instrumente schnell ablesen kann, greift man zu einem Trick: Oft ist es nur wichtig, dass sich ein System im vorgesehenen Betriebsbereich (z. B. einem bestimmten Temperatur- oder Druckbereich) befindet, den genauen Wert muss der Pilot aber nicht ständig kontrollieren. Deswegen haben viele Instrumente farbige Markierungen

---

Fragen an Hans-Jürgen Seibert, Flugkapitän Boeing 747, 31 Dienstjahre

Was hat sich im Cockpit in den letzten Jahren am stärksten verändert?

Die Instrumente waren früher mechanische Anzeigegeräte – heute liebevoll »Uhrenladen« genannt. Moderne Flugzeuge haben Computerbildschirme, auf denen viele verschiedene Anzeigen zusammengefasst werden. Gesteuert wurde ein Flugzeug früher durch Stahlkabel, die bei der Steuerhornbewegung viel Muskelkraft erforderten. Heute werden digitale Signale zu den Steuerflächen gesendet, wodurch das Flugzeug praktisch »aus dem Handgelenk« gesteuert werden kann.

Im Cockpit einer Boeing

Kann der Autopilot das Flugzeug auch landen?

Ja, aber nur bei großen Flugzeugen. Voraussetzung dafür ist, dass am Flughafen u. a. ein Instrumentenlandesystem und im Flugzeug mehrere Autopiloten installiert sind, die sich gegenseitig überwachen. Außerdem muss die Besatzung viele Male im Simulator geübt haben. Der Kapitän hat z. B. bei einer Nebellandung nur ca. eine Sekunde Zeit, um zu erkennen, ob das Flugzeug in der Landezone ist oder nicht und er eventuell durchstarten, also die Landung abbrechen und wieder steigen muss.

Welches ist das wichtigste Instrument im Cockpit?

Es sind vier Stück: das sogenannte Basis-T. Dieses besteht aus Höhenmesser, Geschwindigkeitsmesser, künstlichem Horizont und Kompass und befindet sich direkt vor den Piloten. Die Anordnung hat die Form eines T und ist in jedem Flugzeug gleich.

Sind Ihnen schon einmal mehrere Instrumente zugleich ausgefallen?

Nur im Simulator. Man muss dann genau wissen, welche Instrumente man noch benutzen kann und ob es Möglichkeiten der Reparatur gibt. Kollegen von mir ist bei einem Frachtflug einmal ein Haifischbecken ausgelaufen, wodurch Salzwasser in den Elektronikbereich des Flugzeugs geflossen ist und viele Instrumente ausgefallen sind. Die Piloten waren aber sehr gut trainiert und haben den Flug sicher beenden können. Es ist für alle gut ausgegangen – leider nur nicht für den Hai!

wie bei einer Ampel. Befindet sich die Anzeigenadel im grünen Bereich, ist alles in Ordnung. Bei Gelb ist Vorsicht angebracht und das System muss überprüft werden. Der rote Bereich kann eine Gefahr bedeuten, sodass der Pilot umgehend eingreifen muss.

Bildschirme In modernen Luftfahrzeugen wirkt das Cockpit deutlich »aufgeräumter« und übersichtlicher als in älteren. Das liegt vor allem an den Computerbildschirmen, die viele einzelne Instrumente ersetzt haben. Der Pilot kann sich auf dem Display immer die Informationen anzeigen lassen, die gerade benötigt werden. Zwei Bildschirme sind dabei besonders wichtig: das Primary Flight Display (engl. für »Hauptbildschirm«) und das Navigation Display (engl. für »Navigationsbildschirm«). Ein dritter Bildschirm ersetzt oft die vielen Überwachungsinstrumente und wird zur Darstellung weiterer Informationen genutzt.

Alle angezeigten Informationen werden durch den Bordcomputer im Flugmanagementsystem (FMS) berechnet. Hier laufen die Eingaben der Piloten und automatische Messungen während des Flugs zusammen. Die meisten Eingaben finden über das Multi Control Panel (engl. für »Mehrfachbedienfeld«) und ein Tastenfeld in der Cockpit-Mitte statt. Auch in diesen modernen Cockpits sind die wichtigsten Instrumente zusätzlich einzeln vorhanden, falls die Computer einmal ausfallen sollten.

Blick in ein Hubschrauber-Cockpit

Alles im Blick Auf dem Primary Flight Display (PFD, auf dem Foto oben) ist in der Mitte ein künstlicher Horizont mit einem sogenannten Flight Director dargestellt, der Bewegungen um die Quer- und Längsachse anzeigt und dem Piloten direkt vorgibt, wohin gesteuert werden muss. Zudem werden die Geschwindigkeit, die Flughöhe, die Steiggeschwindigkeit und weitere Informationen angezeigt.

Das Navigation Display (ND, auf dem Foto unten) zeigt hauptsächlich die Flugroute und die Position an. Hier können aber auch Wetterinformationen, z. B. Wolken, andere Flugzeuge und Berge dargestellt werden. Auf dem ND wird auch der Anflugweg des Instrumentenlandesystems (ILS) auf einen Flughafen angezeigt.

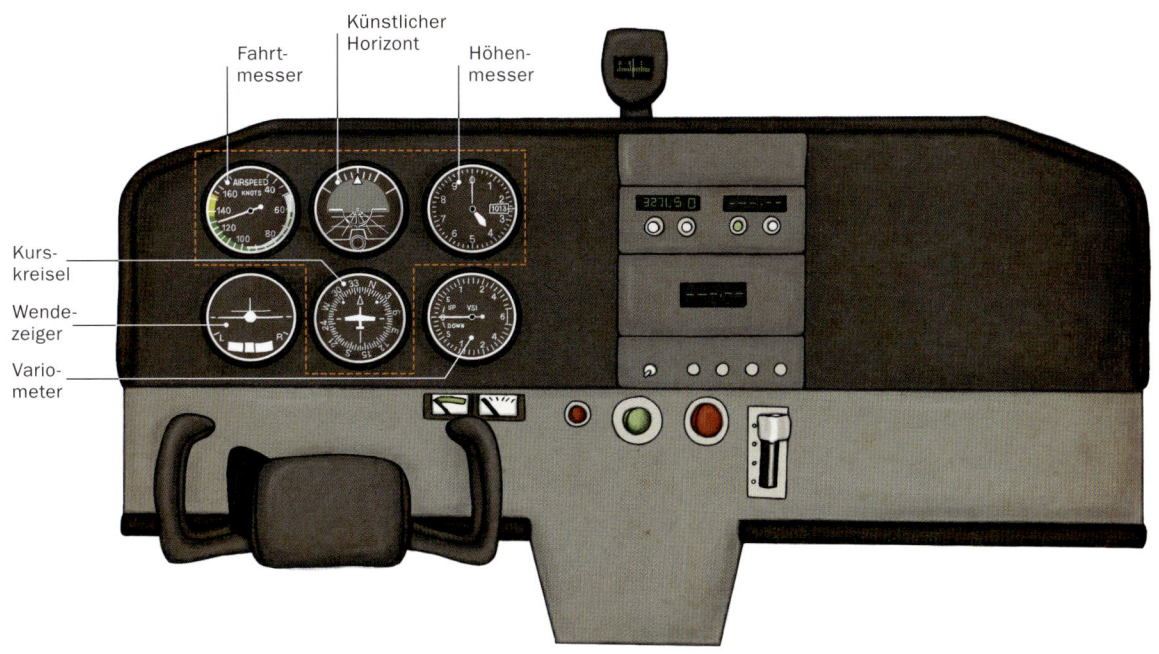

Die vier »Basis-T«-Instrumente sind die wichtigsten.

Die Passagierkabine

Fragen an Inga Schröder, Flugbegleiterin

Können die Türen während des Flugs geöffnet werden?
Nein. Durch den hohen Luftdruck in der Kabine und den niedrigen Außenluftdruck wirkt eine so große Kraft auf die Tür, dass sie mit normaler Körperkraft nicht geöffnet werden kann.

Warum müssen die Passagiere beim Start und bei der Landung technische Geräte ausschalten?
Damit sie sich auf Start und Landung konzentrieren und den Anweisungen der Kabinenbesatzung folgen können.

Haben Sie schon einmal erlebt, dass die Sauerstoffmasken an Bord benutzt werden mussten?
Nein. Die Masken fallen nur aus dem Stauraum über den Passagieren, wenn der Kabinendruck stark abfällt oder durch einen Schalter im Cockpit.

Wie muss die Kabine für eine Notlandung vorbereitet werden?
Jeder Kabinenmitarbeiter hat verschiedene Aufgaben, die erledigt werden müssen. So wird den Passagieren gezeigt, wie sie sich in eine schützende Haltung bringen, um Verletzungen vorzubeugen. Ein weiterer Aufgabenbereich ist das Aufzeigen der Notausgänge.

Unterhaltungsprogramm in der Business Class bei Lufthansa

In der ersten Klasse (hier in einer *Boeing 747* bei Lufthansa) ist es fast wie im Restaurant.

Das Reich der Fluggäste

Die lang gezogene ovale oder rundliche Passagierkabine mit ihren vielen Sitzen macht den Großteil eines Verkehrsflugzeugs aus. Abgesehen von der gebuchten Klasse entscheiden die allgemeine Ausstattung des Flugzeugs, die Reisedauer und die Fluggesellschaft über den Komfort an Bord. Manchmal verfügt jeder Sitzplatz über einen eigenen Fernseher, mit dem du Filme ansehen oder Spiele spielen kannst. Meist gibt es auch Musikprogramme und einige Airlines bieten sogar Telefone und Internet während des Flugs an. Für Kinder und Jugendliche gibt es oft besondere Überraschungen, damit die Flugzeit schneller vergeht – frag auf deinem nächsten Flug nach!

Verantwortlich für die Sicherheit und das Wohlbefinden der Fluggäste ist der Kabinenchef (Purser), der zusammen mit seinem Flugbegleiter-Team die Fluggäste einweist, Durchsagen macht und für Fragen zur Verfügung steht. Bereits Mittelstreckenflugzeuge sind in der Regel mit einer Küche (Galley) ausgestattet, in der bei längeren Flugzeiten das Essen zubereitet wird. Dieses wird anschließend mithilfe des Servicewagens (Trolley) an die Fluggäste verteilt – oft gibt es sogar mehrere Menüs zur Auswahl.

Druckkabine Auch wenn es zunächst schwer vorstellbar ist, hat auch Luft ein Gewicht und wird genau wie du von der Erde angezogen. Stell dir eine riesige Luftsäule über dir vor, die bis ins Weltall reicht und dadurch einen großen Druck auf alles unter ihr ausübt – den Luftdruck.

Aktiv **Der Luftballon-Versuch** Die Druckkabine im Flugzeug ist so stabil gebaut, dass sie sich aufgrund des geringeren Luftdrucks in der Höhe nur sehr wenig ausdehnt. Du kannst aber ein Experiment durchführen, das eine Druckkabine simuliert: Puste vor deinem nächsten Flug einen Luftballon auf (nicht zu voll!) und knote ihn zu. Während des Steigflugs sinkt der Druck in der Passagierkabine, der Luftdruck im Ballon bleibt hingegen gleich. So kann sich der Ballon bis zum Erreichen der Reiseflughöhe ausdehnen, ohne dass du ihn weiter aufgeblasen hast. Umgekehrt im Sinkflug: Der Kabinendruck steigt und der Ballon wird wieder zusammengedrückt.

Dieser Druck nimmt mit der Höhe ab, weil die Luftsäule darüber ja immer kleiner wird. Gleichzeitig wird die Luft »dünner«, wodurch auch der lebensnotwendige Sauerstoffanteil sinkt. Ab einer Höhe von etwa drei Kilometern ist die Menge an Sauerstoff so gering, dass es zu Müdigkeit und Kopfschmerzen kommen kann, ab vier Kilometern sogar zu Bewusstlosigkeit. In zwölf Kilometern Höhe tritt die Handlungsunfähigkeit schon nach etwa 15–20 Sekunden ein, sodass dem Piloten bei einem plötzlichen Druckabfall nur wenig Zeit bleibt, um die Sauerstoffmaske aufzusetzen.

Weil viele Flugzeuge in großen Höhen fliegen, müssen sie mit einer Druckkabine ausgestattet sein. Diese Kabine wird so reguliert, dass der Innendruck den Luftdruck, der in einer Höhe von 2,4 Kilometern herrscht, nicht unterschreitet, dass also immer ausreichend Sauerstoff vorhanden ist. Die Regelung übernimmt bei modernen Luftfahrzeugen der Computer. Weil der Umgebungsluftdruck in großen Höhen deutlich geringer ist als innerhalb der Druckkabine, dehnt sich diese aus – der hohe Innendruck drückt gegen die Außenwände und gleichzeitig wird der von außen dagegendrückende Umgebungsluftdruck geringer. Im Sinkflug zieht sich die Kabine wieder zusammen, weil der Umgebungsluftdruck wieder steigt. Davon spürst du während des Fluges aber nichts.

Druck im Körper Wenn du schon einmal geflogen bist, hast du sicher gemerkt, dass sich ein Druck in den Ohren aufbaut, der vor allem im Sinkflug sehr unangenehm werden kann. Dieser Druck entsteht im mit Luft gefüllten Mittelohr, das sich bei sinkendem Umgebungsluftdruck – also im Steigflug – ausdehnt. Umgekehrt verhält es sich im Sinkflug: Der Luftdruck in der Kabine steigt und die Luft im Mittelohr zieht sich zusammen. Einen Druckausgleich kannst du normalerweise ganz einfach durch Schlucken herbeiführen. Sollte es dabei Probleme geben, hilft das sogenannte Valsalva-Manöver: Nase zuhalten und dabei versuchen, kräftig durch die Nase auszuatmen. Mit einer starken Erkältung solltest du nicht fliegen, denn dabei kann ein Druckausgleich nur sehr schwer erreicht werden.

Ist der Luftdruck in den Flaschen geringer als außerhalb, werden sie zusammengedrückt. Dies kann im Flugzeug während des Sinkfluges mit einer Plastikflasche passieren, die du im Reiseflug fest verschlossen hast.

Allein reisende Kinder bekommen ein Namensschild und werden besonders nett betreut.

Neue Technologien

Dieses Versuchsflugzeug der EADS fliegt mit Biokraftstoff aus Algen.

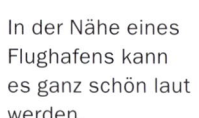

Lärmforschung an einem Triebwerk – eine wichtige Aufgabe in der Flugzeugentwicklung

Leiser, sauberer, leistungsfähiger

Mussten in den 1960er-Jahren neue Luftfahrzeuge ihre Vorgänger noch in Flughöhe, Geschwindigkeit und Reichweite übertreffen, stehen heute vor allem Umweltverträglichkeit und Kostenersparnis im Mittelpunkt. So haben sich Treibstoffverbrauch und Flugzeuglärm in den letzten 50 Jahren um etwa 70 Prozent verringert. Auch für die Zukunft haben sich Hersteller vorgenommen, Abgase und Gewicht zu reduzieren und die Leistungsfähigkeit zu erhöhen.

Konstruktion und Design Viele Flugzeuge werden heute aus Verbundwerkstoffen konstruiert. Das sind miteinander kombinierte Kunststoffe, die sehr leicht, aber gleichzeitig fest und steif sind. Da es immer mehr Langstreckenflüge gibt, wird auch die Ausstattung immer wichtiger: Cockpits werden bequem und rückenfreundlich gestaltet und die Kabine bekommt größere Fenster, eine angenehmere Beleuchtung, bietet mehr Platz und wird besser gegen Geräusche isoliert.

In der Nähe eines Flughafens kann es ganz schön laut werden.

Demonstrationen gegen Fluglärm gibt es vor allem in Flughafennähe

Triebwerke verursachen nicht nur schädliche Abgase, sondern auch beträchtlichen Lärm – vor allem in der Nähe von Flughäfen. Kein Wunder also, dass große Anstrengungen unternommen werden, die umweltschädlichen Verbrennungsvorgänge in Triebwerken zu ersetzen oder wenigstens zu minimieren und den Lärm so zu vermindern. Moderne Triebwerke haben zudem ein besonders hohes Nebenstromverhältnis (siehe S. 36/37), denn durch die kräftige Durchmischung von kaltem Nebenstrom und heißem Hauptstrom werden die Triebwerke deutlich leiser.

Zwei Techniker tüfteln an einem elektrischen Bugradantrieb für den *Airbus A320*

Systeme Ohne eine Vielzahl ausgeklügelter technischer Systeme sind moderne Luftfahrzeuge gar nicht mehr denkbar. Um die Arbeitsbelastung z. B. beim Start oder bei der Landung zu senken, den Komfort zu erhöhen oder die Umweltbelastung zu verringern, wird ständig weiterentwickelt. Flugzeuge könnten bald schon mit Elektromotoren am Boden gerollt werden, sodass die Triebwerke erst zum Start angelassen werden. Im Cockpit werden immer mehr Vorgänge von Computern gesteuert und auf Bildschirmen angezeigt. Die Piloten sitzen vor leistungsfähigen Computern mit einer Tastatur zur Eingabe der Informationen.

Der Autopilot, Verkehrswarn- oder Nachtsichtsysteme sollen die Besatzung unterstützen und damit für mehr Sicherheit sorgen. Durch eine sehr genaue Satellitennavigation und neue Lotsensysteme kann zukünftig noch direkter zum Ziel geflogen werden. Warteschleifen (sogenannte Holdings), bei denen Flugzeuge um einen Punkt kreisen, um z. B. auf die Landefreigabe zu warten, sollen der Vergangenheit angehören. Das automatische Gegensteuern bei Turbulenzen (siehe S. 58/59), ebenfalls eine technische Neuerung der letzten Jahre, sorgt darüber hinaus für noch mehr Bequemlichkeit.

Fragen an Bertrand Piccard, Abenteurer, Forscher und Mitbegründer des Forschungsprojekts *Solar Impulse*

Wie kam es zu der Idee, mit einem Solarflugzeug die Welt zu umrunden?
Als Brian Jones und ich am 21. März 1999 nach der ersten Weltumrundung in einem Ballon in der Wüste Ägyptens landeten, waren von den 3,7 Tonnen Flüssiggas, die beim Start an Bord waren, nur noch 40 Kilogramm übrig.

Bertrand Piccard in der *Solar Impulse*

Wären die Winde weniger stark gewesen, hätten wir unser Ziel wegen Treibstoffmangels nicht erreicht. In diesem Moment habe ich mir versprochen, dass ich die Erde nochmals umrunden würde, diesmal aber, ohne auf fossile Energie angewiesen zu sein. Da kam mir die Idee von einem Solarflugzeug, das in der Lage ist, sowohl tagsüber als auch nachts zu fliegen.

Worin besteht die größte Schwierigkeit dabei?
Mit Solar Impulse dringen wir in völlig neue Bereiche der Luftfahrt vor, jeder Schritt dabei ist besonders. Wenn man normalerweise ein neues Triebwerk baut, wird es in einem bereits existierenden Flugzeug getestet. Ein neues Flugzeug wird hingegen mit bestehenden Triebwerken getestet. Bei uns ist aber alles völlig neu, das ist die größte Schwierigkeit.

Könnte auch ein Airbus mit Solarenergie fliegen?
Unser Hauptziel ist es nicht, die Luftfahrtindustrie zu revolutionieren, sondern die Menschen zum Umdenken in Sachen Energie und saubere Technologien zu bewegen. Unsere Botschaft richtet sich an jeden im Alltagsleben: Was wir in der Luft erreichen können, kann jeder Einzelne auch auf der Erde erreichen. Die Welt könnte 50 Prozent der derzeit verwendeten fossilen Energien einsparen und davon wiederum die Hälfte mit erneuerbaren Energien abdecken, wenn die von uns bei *Solar Impulse* verwendeten Technologien auch in anderen Bereichen verwendet würden.

Die Luftfahrtindustrie weiß, dass sie sich in diesem Bereich entwickeln muss, kann dies aber nicht in der gleichen Weise wie wir. Unser Projekt heißt »Null Treibstoff«. Die herkömmliche Luftfahrt ist noch nicht dazu in der Lage. Vielleicht werden wir in naher Zukunft noch kein solarbetriebenes Verkehrsflugzeug erleben, aber erinnern wir uns an die Geschichte: Wer konnte sich 1903, als die Wright-Brüder gerade einmal 200 Meter mit ihrem Flugzeug flogen, vorstellen, dass Lindbergh nur 24 Jahre später allein den Atlantik überfliegen würde und 40 Jahre später Flugzeuge die gleiche Strecke mit 200 Passagieren in nur acht Stunden bewältigen, während gleichzeitig zwei Menschen auf dem Mond spazieren gehen?

Flugvorbereitung einer *Boeing 737* von Air Berlin am Flughafen in Düsseldorf

Mit dem Flugzeug unterwegs

Wer außer den Piloten trägt noch dazu bei, dass das Flugzeug sicher und pünktlich am Ziel ankommt? Wenn du in ein Flugzeug einsteigst, ist die Besatzung bereits lange an Bord und hat alles für den Flug vorbereitet. Ebenso kannst du am Boden beobachten, wie das Flugzeug betankt und beladen wird. Und auch wenn du aussteigst, bleibt die Besatzung noch an Bord, um den Flug nachzubereiten.

Damit alles reibungslos und planmäßig abläuft, müssen ganz unterschiedliche Aufgaben von speziellem Personal erledigt werden. Das fängt bei der Flugplanung an und hört bei der Gepäckausgabe am Zielflughafen auf. Ebenso gibt es in jeder Flugphase immer wieder gleiche Abläufe, die von der Cockpit- und der Kabinenbesatzung erledigt werden müssen – nicht zu vergessen natürlich die Lotsen am Boden, die den Luftverkehr koordinieren und Ansprechpartner für die Besatzung sind.

Die Navigation und das Wetter haben neben der Technik auf jeden Flug besonders großen Einfluss. Ist es z. B. zu stürmisch, kann ein Flugzeug vielleicht gar nicht starten, und ist auf der Flugroute ein schweres Gewitter zu erwarten, muss ein Umweg geflogen werden. Überhaupt beeinflusst der Wind ganz entscheidend, wie lange ein Flug dauert und ob er von Turbulenzen bestimmt wird.

Das alles sind aber für moderne Luftfahrzeuge keine Gefahren mehr, denn es gibt für fast jede Situation genaue Verfahren, wie sich die Besatzung verhalten muss. Dies führt in Verbindung mit modernen Überwachungssystemen dazu, dass gefährliche Situationen kaum entstehen, weil sie frühzeitig erkannt und vermieden werden.

Die Flugvorbereitung

Flugzeuge warten am Frankfurter Flughafen auf ihren nächsten Einsatz.

Vor dem Start

Jeder Flug muss gründlich vorbereitet werden, der Langstreckenflug von Frankfurt nach Singapur ebenso wie der Rundflug mit einem Kleinflugzeug. Was genau zur Flugvorbereitung gehört, hängt vor allem vom Flugzeug, der Strecke und der Art des Flugs ab. Ein Privatpilot, der einen längeren Flug plant, beginnt oft schon Tage vor dem eigentlichen Flug mit den Vorbereitungen, z. B. der Streckenplanung. Bei Verkehrsflugzeugen sind die Aufgaben hingegen auf viele Personen verteilt – und auch der Computer hat dabei einen großen Anteil.

Planungen Zu einer Flugplanung gehören die Streckenplanung anhand spezieller Navigationskarten, das Aufgeben eines Flugplans, die Berechnung des notwendigen Kraftstoffs und das Einholen benötigter Genehmigungen. Vieles davon wird bei Airlines von einem Flugdienstberater erledigt, der den Flug vom Boden aus betreut. Bei der Flugvorbesprechung – dem sogenannten Briefing – befasst sich die Flugbesatzung ausführlich mit dem geplanten Flug. Dabei werden eventuell Anpassungen vorgenommen, Besonderheiten besprochen und wenn nötig Ausweichrouten geplant. Besonders muss darauf geachtet werden, dass die maximalen Abflugmassen nicht überschritten werden.

An Bord Gleich nachdem der letzte Passagier die Maschine verlassen hat, wird die Kabine gereinigt und der Abfall vom letzten Flug entsorgt. Gleichzeitig werden die Vorräte wieder aufgefüllt – hierzu gehören frisches Wasser, Essen, Getränke, Zeitschriften und Artikel aus dem Bordshop. Das Boarding – also das Einsteigen der Passagiere – wird bei großen Flugzeugen von hinten nach vorne und (bei der *A380* und der *Boeing 747*) von oben nach unten durchgeführt, damit es möglichst schnell geht. Wenn du die Durchsage *»Boarding completed«* hörst, sind alle Passagiere an Bord.

Währenddessen werden im Cockpit Checklisten abgearbeitet und Startinformationen eingeholt. Der Computer berechnet aus den eingegebe-

Das »Boarding« am Flughafen München

Die Betankung Flugzeuge dürfen nicht einfach wie Autos vollgetankt werden, denn die maximale Abflugmasse darf nicht überschritten werden. Wenn also viele Passagiere oder Fracht an Bord sind, muss die Besatzung genau berechnen, wie viel getankt werden darf.

Das Kerosin einer vollgetankten A380 wiegt immerhin etwa 250 Tonnen. Bevor der Tankvorgang beginnt, muss das Luftfahrzeug »geerdet« werden, damit sich durch die elektrische Aufladung des Flugzeugs kein Funken bilden kann. Das Prinzip ähnelt einem Blitzableiter. Dann wird noch kontrolliert, ob sich Wasser im Tank befindet, das sich aufgrund des höheren Gewichts unten absetzt. Um die großen Mengen Treibstoff in kurzer Zeit einzufüllen, werden Verkehrsflugzeuge mit hohem Druck betankt.

nen Werten und dem aktuellen Wetter die Flugzeiten, Geschwindigkeiten und Einstellungen für die Ruder. Wichtig ist auch die navigatorische Abflugvorbereitung: Dabei werden die Funkfrequenzen und die Kurse für die Abflugroute in den Instrumenten eingestellt. Schließlich werden per Funk die Freigaben eingeholt.

Am Boden ist das Flugzeug an allen Seiten von Fahrzeugen umgeben. An manchen Flughäfen kannst du das gut sehen, wenn du auf das Boarding wartest. Besonders auffällig ist der Tankwagen, der den Treibstoff mit hohem Druck in die Flugzeugtanks füllt. Ganz wichtig ist auch das Gepäck und vielleicht noch Fracht und Post, die mitgenommen werden. Außerdem stehen Reinigungs-, Catering- und Technikfahrzeuge um das Flugzeug herum und natürlich die Passagierbrücke. Zu guter Letzt muss auch der Pilot vor dem Start noch einmal das Flugzeug von außen überprüfen.

...einigung der Cockpitscheiben – ...ch das gehört zur Flugvorbereitung!

Verpflegung Hast du im Flug schon einmal etwas Mitgebrachtes gegessen und bemerkt, dass es anders schmeckt? Das kann daran liegen, dass unsere Geschmacksnerven sich in großen Höhen anders verhalten. Deswegen ist das Essen im Flugzeug auch stärker gewürzt. Das Essen für einen Flug wird bereits lange vor dem Beladen des Flugzeugs zubereitet und oft sogar noch eingefroren. In der Galley werden die Mahlzeiten wieder aufgewärmt, bevor sie serviert werden. Auf kurzen Strecken gibt es oft nur einen Snack, für Langstreckenflüge müssen hingegen viele Portionen mitgenommen werden. Meist werden Standardgerichte wie Huhn und Reis oder Nudeln angeboten, bei Vorbestellung wird aber auch auf spezielle Essenswünsche eingegangen.

Bei der Flugvorbereitung werden Wetter- und Streckeninformationen besprochen und die Route geplant.

Das Personal

Simulatortraining Ein Triebwerk ist mitten im Anflug ausgefallen und hat Feuer gefangen, ausgerechnet bei diesem schlechten Wetter und starkem Seitenwind. Ganz zu schweigen vom defekten Höhenmesser … Um Piloten auf solche Extremsituationen vorzubereiten, aber auch um normale Trainings- und Checkflüge durchzuführen, kommen Flugsimulatoren zum Einsatz. Die sind deutlich günstiger als ein echtes Flugzeug und können viele Situationen simulieren, die in Wirklichkeit zu gefährlich wären. Moderne Simulatoren sind um alle Achsen voll beweglich und vermitteln das Gefühl, tatsächlich mit ihnen abzuheben. In einigen Simulatoren kannst du sogar Flugstunden buchen und selbst Pilot sein.

Hier fliegt es sich fast wie im echten Flugzeug!

Pilotenausbildung Die Ausbildung zum Privatpiloten dauert etwa ein halbes bis ein Jahr. Wenn du große Verkehrsflugzeuge steuern möchtest, sind es ungefähr zwei Jahre. Unterrichtsfächer sind u. a. Luftfahrzeugkunde, Meteorologie (siehe S. 58/59) und Navigation. Der größte Teil der Flugausbildung wird auf ein- und zweimotorigen Kolbenflugzeugen durchgeführt. Zu den Übungen gehören Instrumentenflugverfahren, also ohne Sicht nach außen, Anflugverfahren mithilfe des ILS (Instrumentenlandesystem, siehe S. 57) und Landungen unter verschiedenen Bedingungen.

Der Flugschüler bekommt eine Einweisung in die Cockpitfunktionen.

Fluglotsen der Deutschen Flugsicherung überwachen den Verkehr.

Viele Aufgaben, viele Spezialisten

Wahrscheinlich denkst du bei Personal zunächst an Flugbegleiter und Piloten, aber im Bereich der Luftfahrt gibt es noch viele weitere Berufe, die für eine Flugdurchführung unentbehrlich sind. Angefangen bei Ingenieuren, die das Luftfahrzeug entwickeln, über Mechaniker, die es warten und reparieren, bis hin zu Fluglotsen, die den Verkehr vom Boden aus regeln. Hinzu kommen kaufmännische Berufe und zahlreiche Aufgabenfelder am Flughafen – vom Tankwart bis zur Luftaufsicht.

Bodenpersonal Meist am Boden und manchmal auch in der Luft arbeiten die Luftfahrtingenieure. Sie entwickeln und konstruieren neue Flugzeuge oder einzelne Bauteile und verbessern bereits vorhandene Modelle. Vielleicht hast du auch schon einmal einen Papierflieger »konstruiert«? Das ist doch schon ein guter Anfang! Um für Flugzeughersteller wie Airbus, Boeing oder Embraer zu arbeiten, musst du zunächst ein drei- bis fünfjähriges Studium der Luft- und Raumfahrttechnik absolvieren. Wenn du Interesse daran hast, versuch doch einmal, ein Schülerpraktikum bei einem Hersteller oder Zulieferer in deiner Nähe zu machen.

Ebenso unentbehrlich sind die Fluglotsen, die den Luftverkehr vom Boden aus lenken. Sicher hast du an einem Flughafen schon einmal den Tower gesehen, auf dem die Lotsen arbeiten, die den Flughafen kontrollieren. Die

meisten Fluglotsen sind aber für den Streckenverkehr zuständig, den sie dank Radarüberwachung auf Computerbildschirmen verfolgen können. Auch der An- und Abflug auf Flughäfen wird per Radar überwacht und gelenkt. Die Ausbildung zum Fluglotsen dauert etwa drei bis vier Jahre.

Flugpersonal Im Unterschied zur Cockpitbesatzung kommst du bei jedem Flug mit der Kabinenbesatzung in Kontakt, denn die Flugbegleiter sind für die Sicherheit an Bord und die Betreuung der Passagiere zuständig. Die Ausbildung dauert drei bis sechs Monate. Einige Airlines erwarten bereits eine zuvor abgeschlossene Ausbildung, beispielsweise im Restaurant- oder Hotelfach.

Bei modernen Verkehrsflugzeugen sind meist zwei Piloten für die Lenkung des Luftfahrzeugs verantwortlich. Die Zusammenarbeit zwischen ihnen muss perfekt funktionieren. Deswegen gibt es eine klare Aufgabenverteilung. So fliegt z. B. ein Pilot das Flugzeug und der andere übernimmt den Funkverkehr. Kleinere Flugzeuge können aber auch von nur einem Piloten gesteuert werden. Ein großer Teil der Aufgaben besteht neben dem Fliegen im Überwachen von Systemen und der Dateneingabe in den Bordcomputer. Das Abarbeiten von immer gleichen Abläufen und die Überprüfung anhand von Checklisten gewährleisten dabei die sichere Flugdurchführung.

Fragen an Michael Gross, Leiter der Verkehrspilotenschule FMG-FlightTraining in Paderborn-Lippstadt, Flug- und Theorielehrer und Pilot einer *Boeing 747*

Welche Pilotenscheine gibt es?
Es gibt drei verschiedene Lizenzen: den Privatpilotenschein, mit dem jeder anfängt, den Berufspilotenschein – damit darf man schon Geld mit dem Fliegen verdienen – und die Verkehrspilotenlizenz für die großen Flugzeuge, in denen zwei Piloten fliegen.

Was braucht man, um Pilot zu werden?
Man muss ein ärztliches Gesundheitszeugnis haben, um sicherzustellen, dass man einen Flug ohne körperliche Beeinträchtigung durchführen kann. In Mathematik, Physik und Englisch sollte man Grundkenntnisse haben – klar, bei einem solchen technischen Beruf. Wichtig ist auch, dass man zuverlässig und als Autofahrer nicht als »Verkehrssünder« gespeichert ist.

In welchem Alter kann mit der Ausbildung begonnen werden?
Die Verkehrspiloten können bereits mit 17 Jahren beginnen, erhalten aber erst mit 19 ihren Pilotenschein. Wir halten es für besser, erst mit 18 zu beginnen, z. B. nach dem Abitur – das ist zwar keine Voraussetzung, aber hilfreich.

Welche Übungen werden geflogen?
Zu den wichtigsten Dingen gehören das Starten und das Landen. Besonders die Landungen auf unterschiedlichen Flugplätzen sind nicht immer einfach. Aber auch, sich in der Luft zurechtzufinden und zu navigieren – besonders bei schlechtem Wetter –, muss geübt werden.

Die Besatzung muss regelmäßig Notfälle üben – dazu gehört auch der Sprung ins Wasser bei einer Notwasserung.

Im Tower haben die Lotsen den Flugplatz gut im Blick und überwachen den Verkehr mit Radar.

Die Flugphasen

Ein Lande-
anflug bei
Nacht

Die Landung auf einer verschneiten Piste ist kein Problem.

Vom Abheben bis zum Aufsetzen

Jeder Flug wird in drei Phasen eingeteilt: den Start, den
Reiseflug und die Landung. Den größten Teil des Flugs
nimmt dabei normalerweise der Reiseflug ein. Es gibt
aber auch besonders kurze Flüge, die fast nur aus einem
Steig- und Sinkflug bestehen. Die Start- und Landepha-
sen sind für die Piloten deutlich arbeitsintensiver als der
Reiseflug – den übernimmt häufig der Autopilot.

Start Bereits vor dem Start haben die Piloten einiges zu
tun: Flugzeug checken, Systeme überprüfen, Flugdaten
und Flugweg in den Com-
puter eingeben, Freigaben
einholen und zur Start-
bahn rollen. Während des
Rollens werden die letzten
Startvorbereitungen abge-
schlossen, die Landelichter
eingeschaltet und die Klappen in Startposition gefahren. Mit der Startfreigabe

Mit den Schubhebeln wird Gas
gegeben.

wird auf die Piste gerollt, das Flugzeug an der Mittellinie
ausgerichtet und Startschub gesetzt – dieser ist so kräftig,
dass es dich in den Sitz drückt.

Während des Startlaufs beobachten die Piloten genau
die Instrumentenwerte und die Geschwindigkeit. Wenn
die sogenannte v_1-Geschwindigkeit überschritten ist,
kann der Start nicht mehr abgebrochen werden, weil die
Startbahn nicht mehr zum Bremsen ausreichen würde.
Ist die Geschwindigkeit v_R erreicht, zieht der Pilot am
Steuer und das Bugrad hebt zuerst ab. Sobald das Flugzeug in der Luft ist, wird das Fahrwerk eingefahren, um
den Luftwiderstand zu verringern.

Reiseflug Schon bevor die Reiseflughöhe erreicht ist,
geht die Arbeit für die Kabinenbesatzung wieder los. Das
Essen und die Getränke werden vorbereitet und den Passagieren serviert. Je nach Länge des Flugs und der Ta-
geszeit gibt es nur Getränke und einen Snack oder eine
vollständige Mahlzeit, bei besonders langen Flügen auch
noch mehr.

Gestartet und
gelandet wird imm
gegen den Wind.

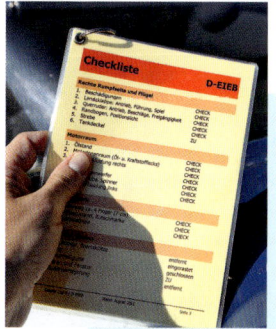

Im Cockpit überwachen die Piloten den Flugweg und die Instrumente. Während des gesamten Flugs stehen sie in Kontakt mit den Lotsen einer Flugverkehrskontrollstelle. Diese geben Richtungsanweisungen und Hinweise und stehen für Nachfragen zur Verfügung. Von den Anweisungen der Lotsen dürfen die Piloten nur in besonderen Fällen abweichen.

Landung Mit Beginn des Landeanflugs werden vom Kabinenpersonal bereits die ersten Spuren des Flugs beseitigt und die Passagiere informiert. Im Cockpit bereiten die Piloten den Anflug vor, der meist mit einem Instrumentenlandeverfahren abgeschlossen wird. Die Geschwindigkeit wird reduziert, die Landeklappen und das Fahrwerk werden ausgefahren und der Tower kontaktiert.

Im Endanflug sind die Piloten hoch konzentriert und arbeiten die letzten Checklisten ab. Spätestens in der sogenannten Entscheidungshöhe muss der Pilot die Landebahn sehen, andernfalls wird durchgestartet. Auf einigen Flughäfen kann die Landung sogar vollautomatisch durchgeführt werden, auch wenn die Piloten im dichten Nebel kaum etwas sehen.

rch die abrupte Beschleunigung im Aufsetzen qualmen die Reifen.

Checklisten Du hast dir bestimmt schon einmal etwas aufgeschrieben, das du auf keinen Fall vergessen darfst, oder? Eine ähnliche Funktion haben Checklisten im Cockpit. In vielen Situationen arbeiten die Piloten Listen ab, damit ganz sicher alle notwendigen Dinge erledigt sind. Sind zwei Piloten im Cockpit, arbeitet der eine die Checkliste ab und der andere bestätigt jeden Schritt. Checklisten werden z. B. vor dem Start, vor dem Anflug und nach der Landung abgearbeitet. Für Notsituationen gibt es ebenfalls Checklisten, die oft rot gefärbt sind, damit sie im Handbuch schnell gefunden werden.

Beispiel einer AFTER START CHECKLIST
(Checkliste nach dem Anlassen der Triebwerke)

ANTI ICE	AS REQUIRED
Enteisung	*Wie benötigt*
ECAM STATUS	CHECKED
Status des elektronischen Überwachungsbildschirms	*Geprüft*
APU	AS REQUIRED
Hilfstriebwerk	*Wie benötigt*
PITCH TRIM	SET
Höhenrudertrimmung	*Gesetzt*
RUDDER TRIM	ZERO
Seitenrudertrimmung	*Neutral*
GROUND CREW	CLEAR
Bodenpersonal	*Abgezogen*
ANTI SKID	ON
Antiblockiersystem	*Ein*
NOSE WHEEL STEERING	ON
Bugradsteuerung	*Ein*

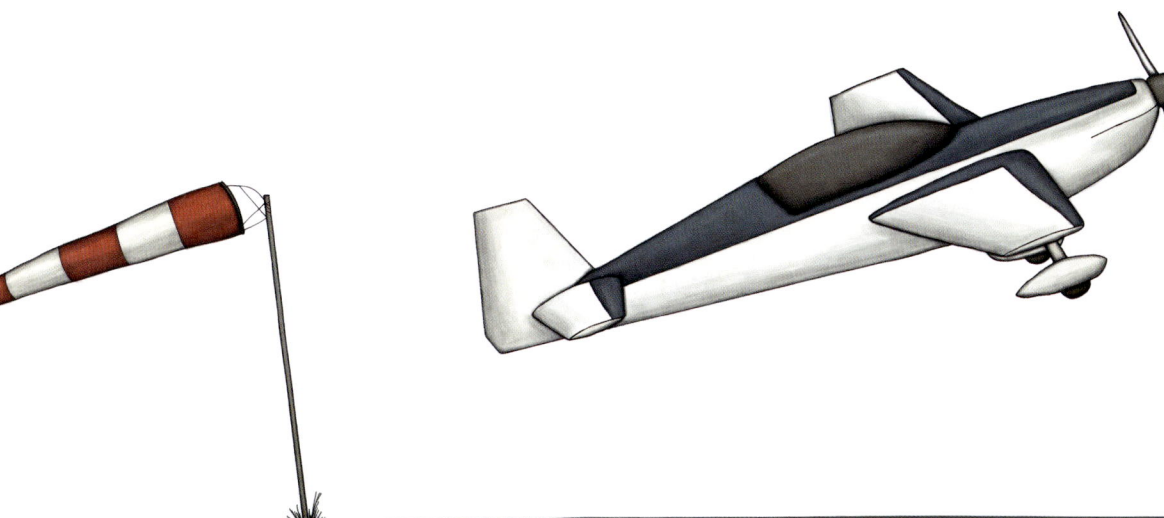

Die Flughäfen

Start am Flugplatz Courchevel

Fragen an Thomas Schnalke, Geschäftsführer des Flughafens Düsseldorf

Wie schnell ist die Feuerwehr im Notfall bei einem Flugzeug?
Safety first – Sicherheit geht vor – lautet die wichtigste Regel im Luftverkehr. Aus diesem Grund ist in internationalen Richtlinien festgelegt, dass die Feuerwehr jeden Punkt des Bahnsystems innerhalb von höchstens drei Minuten erreichen muss. Deswegen verfügt Düsseldorf über zwei Feuerwachen: eine Wache Süd, die östlich des Terminals liegt, sowie die Wache Nord an der Rollfeldringstraße.

Wird der Flughafen bei schlechtem Wetter geschlossen?
Mit dem am Düsseldorfer Flughafen vorhandenen Instrumentenlandesystem können Luftfahrzeuge selbst bei sehr schlechten Sichtverhältnissen genau bis zur Landebahn geleitet werden. Trotzdem gibt es Wetterlagen – wie beispielsweise sehr starker Niederschlag, Glätte, Schnee oder ein Gewitter –, bei denen im äußersten Fall die Bahn kurzfristig geschlossen wird.

Wo landen die Flugzeuge dann?
Der Pilot entscheidet je nach Situation, welcher Flughafen die beste Alternative ist. Dabei spielen u. a. die Größe des Fliegers, die Flugrichtung, die noch vorhandene Treibstoffmenge und die benötigte Länge der Landebahn eine Rolle.

Auf und ab für Flugzeuge

Kaum zu glauben: Weltweit gibt es fast 42 000 Flugplätze, auf denen Luftfahrzeuge starten, landen und abgestellt werden. Viele davon sind allerdings nur für kleine Flugzeuge geeignet und haben eine Graspiste. Dem stehen große internationale Flughäfen mit mehreren asphaltierten Pisten wie in Frankfurt, Wien und Zürich gegenüber.

Flugbetrieb Jeder Flugplatz verfügt über wenigstens eine Piste zum Starten und Landen. Bezeichnet werden Pisten mit zwei Ziffern, welche die Landerichtung angeben: Piste 27 ist z. B. in Richtung 270 Grad, also nach Westen ausgerichtet. Bei parallelen Pisten wird noch ein »R« für rechts oder ein »L« für links angehängt – also z. B. Piste 27R. Weil Flugzeuge gegen den Wind starten und landen, sind viele Pisten in Mitteleuropa in Ost-West-Richtung ausgerichtet, denn der Wind weht dort meist aus Westen. Rollwege und das Vorfeld sind mit Buchstaben bezeichnet und mit gelben Linien bemalt, auf denen die Flugzeuge rollen müssen.

Damit auch nachts gestartet und gelandet werden kann, sind große Flughäfen »befeuert«. Rollwege werden mit blauen, die Mittellinie mit grünen und die Piste mit weißen Lampen beleuchtet. Auch vor der Piste sind Lampen in-

Nachtlandung in Paderborn/ Lippstadt

stalliert, die den Piloten zur Landebahn führen. Vor dem Start muss der Pilot am sogenannten Rollhalt vor der Piste anhalten. Dies ist eine Linie, die quer über den Rollweg gemalt ist, wie bei einem Stoppschild. Erst wenn der

Geradeaus rollen   Position halten / Warten

Towerlotse die Freigabe erteilt hat, darf auf die Startbahn gerollt und gestartet werden.

Passagierbetrieb Bevor die Passagiere in das Flugzeug steigen, müssen sie im Terminal für ihren Flug einchecken und das Gepäck abgeben. Manche Airlines bieten das Einchecken bereits von zu Hause am Computer oder Mobiltelefon an. Bei der Sicherheitskontrolle werden dein Gepäck und du ausgiebig überprüft. Du darfst z. B. keine spitzen Gegenstände und nur geringe Mengen an Flüssigkeiten mit an Bord nehmen. Das Einsteigen ins Flugzeug erfolgt entweder über Fluggastbrücken vom Terminal aus oder an einer Außen-Parkposition auf dem Vorfeld, wo du mit dem Bus hingefahren wirst.

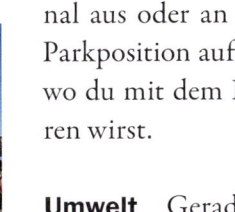
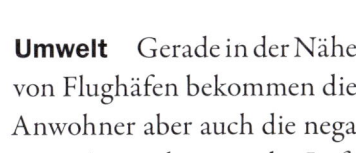

Einsteigen über eine Treppe am Flughafen Nürnberg

Umwelt Gerade in der Nähe von Flughäfen bekommen die Anwohner aber auch die negativen Auswirkungen des Luftverkehrs zu spüren. Ein hoher Lärmpegel vor allem beim Starten von Flugzeugen kann insbesondere nachts sehr stören. Zwar wird versucht, die Abflugrouten möglichst nicht über dicht besiedelte Gebiete zu legen, das klappt aber gerade in großen Städten nicht immer gut.

Zudem stoßen Flugzeuge ähnlich wie Autos Abgase durch die Verbrennung von Kraftstoff aus (siehe S. 36/37), die schädlich für die Umwelt sind. Viele Forscher arbeiten deswegen daran, das Fliegen durch neue Technologien (siehe S. 44/45) umweltfreundlicher zu machen.

Auf dem Flughafen Frankfurt: Hier bitte anhalten!

Die Sicherheitskontrolle am Flughafen Düsseldorf

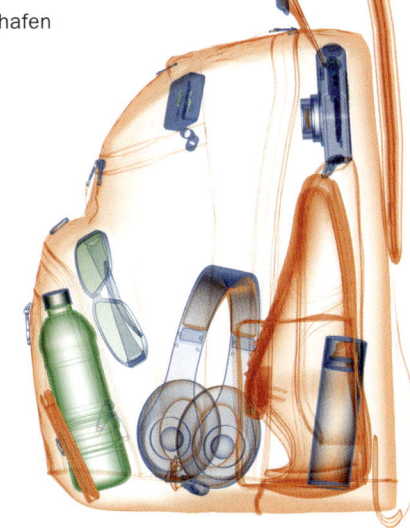

Vor dem Flug wird dein Gepäck gründlich durchleuchtet, damit keine gefährlichen Gegenstände an Bord gelangen.

Einwinken   Bestätigung / Alles klar!   Halt!

Der Einwinker gibt den Piloten Zeichen für die Bewegung am Flugplatz.

Die Navigation

Lotsen überwachen den Verkehr am Flughafen München.

Fragen an Volker Ruhm, Towerlotse

Welche Aufgaben haben Fluglotsen?
Die Hauptaufgabe ist das Verhindern von Zusammenstößen auf Flughäfen und in der Luft. Deshalb hat jeder Flughafen einen hohen verglasten Turm, in dem die Fluglotsen sitzen. Manche sitzen auch in Kontrollzentralen, die sich nicht auf den Flughäfen befinden, und steuern den Luftverkehr mithilfe von Radar.

Woher weiß der Lotse, wo sich die Flugzeuge befinden?
Ein Flugplatzlotse regelt den Verkehr an Flughäfen hauptsächlich durch Beobachtung, obwohl er auch elektronische Hilfsmittel wie z. B. Radar zur Verfügung hat. Der Radarlotse regelt den Verkehr ausschließlich mithilfe eines Radars, das Flugzeuge eindeutig identifizieren kann.

Warum wird im Funk nur Englisch gesprochen?
Fast alle Nationen mit ganz verschiedenen Sprachen nehmen am weltumspannenden Luftverkehr teil, weswegen man sich auf eine Sprache einigen musste. Man hat dafür die englische Sprache gewählt, weil sie vergleichsweise leicht zu erlernen ist und auf der ganzen Welt an Schulen unterrichtet wird.

Findet der Pilot bei jedem Wetter den Weg zur Landebahn?
Es gibt verschiedene Instrumente im Flugzeug, die es dem Piloten ermöglichen, die Landebahn bei fast jedem Wetter zu finden. Bei ganz schlechtem Wetter wie starkem Nebel helfen die Instrumente aber auch nicht weiter, denn kurz vor der Landung muss ein Pilot die Landebahn sehen.

Was passiert, wenn die Radarbildschirme ausfallen?
Der Ausfall von Radaranlagen ist heute extrem selten und wird sofort durch Ersatzanlagen abgedeckt. Falls dennoch einmal alles ausfallen sollte, werden vor allem die Abstände zwischen den startenden bzw. landenden Flugzeugen wesentlich erhöht.

Der Weg und das Ziel

Mit einem Luftfahrzeug zu navigieren ist gar nicht so einfach, zumal man nicht jederzeit anhalten kann – der Hubschrauber bildet eine Ausnahme. Vieles sieht aus der Luft gleich und vor allem klein aus, ein Ort ist da kaum noch von einem anderen zu unterscheiden. Ganz zu schweigen von einem Flug über den Wolken, wenn die Erde gar nicht mehr zu sehen ist.

Orientierung verschafft dabei auch heute noch zuverlässig ein Magnetkompass, der für alle Fälle in jedem Flugzeug eingebaut ist. Dieser besteht aus einer Nadel, die sich nach dem magnetischen Nord- und Südpol ausrichtet.

Für eine präzise Navigation reicht es aber nicht, wenn der Pilot die Nordrichtung kennt. Deswegen kann er seine Flugrichtung an der Kursrose ablesen – im Uhrzeigersinn sind hier im Kreis 360 Grad aufgetragen, wobei null Grad Norden, 90 Grad Osten, 180 Grad Süden und 270 Grad Westen entspricht. Die Anweisung »Fliegen Sie Kurs 045« bedeutet also: »Fliegen Sie Kurs Nordost«.

Orientierung anhand einer Karte

Sichtnavigation bedeutet, dass der Pilot eine spezielle Luftfahrtkarte zur Navigation verwendet, in der das Koordinatensystem und aus der Luft gut zu erkennende Merkmale – z. B. Waldkanten, Autobahnen, Wasserflächen oder Städte – eingezeichnet sind. So kann er die Karte mit dem vergleichen, was auf dem Erdboden zu sehen ist, und seine Position bestimmen. Vor einem Flug wird außerdem die Flugstrecke in die Karte eingezeichnet und ein Flugdurchführungsplan erstellt, auf dem Kurse, Flughöhen und benötigte Zeiten für einzelne Flugabschnitte eingetragen werden.

Ganz besonders muss der Wind berücksichtigt werden. Wenn du einen leichten Gegenstand, z. B. eine Fe-

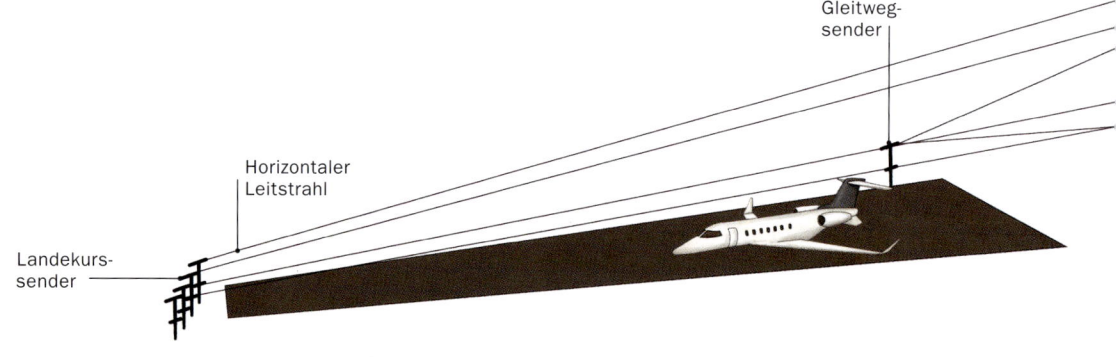

Gleitwegsender

Horizontaler Leitstrahl

Landekurssender

der, bei Wind aus dem Fenster wirfst, wird sie zur Seite geweht. Genauso ist es auch beim Flugzeug. Wenn der Pilot also nach Norden fliegen möchte und der Wind kommt aus Osten, muss er etwas nach rechts, »gegen den Wind«, steuern, damit er nicht »versetzt« wird, wie es in der Fachsprache heißt. Der geflogene Kurs ist dann nicht null Grad, sondern vielleicht zehn Grad – je nach Windstärke.

Funknavigation   hat den großen Vorteil, unabhängig von Sichtkontakt zum Boden zu sein. Dabei sendet eine Funkstation am Boden oder im Weltall Signale aus, die vom Flugzeug empfangen werden. Der Pilot bekommt per »Funkkompass« angezeigt, in welche Richtung er fliegen muss, um die Station zu erreichen. Die Genauigkeit schwankt dabei allerdings um ein paar Grad.

Der Kontrollturm am Flughafen in Cancún, Mexiko

Viel genauer ist das Instrumentenlandesystem, das die Piloten auch ohne Sicht bis kurz vor die Landebahn führt. Du kannst dir das als eine Art Leitstrahl zur Piste vorstellen, wobei im Cockpit jede kleinste Abweichung angezeigt wird. Auch die Radarüberwachung zählt zur Funknavigation.

Eine VOR-Navigationsanlage der Deutschen Flugsicherung DFS in Frankfurt

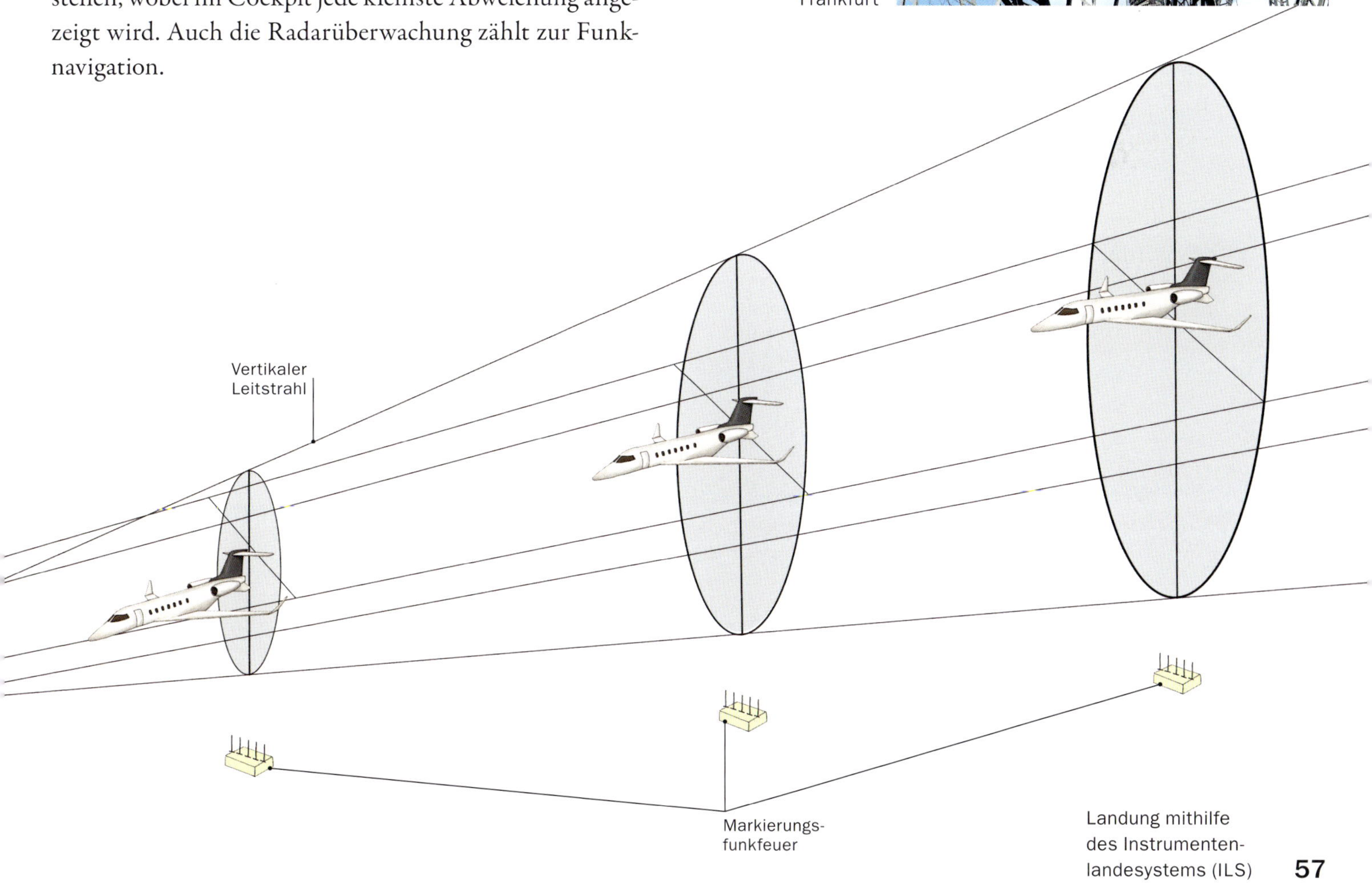

Vertikaler Leitstrahl

Markierungsfunkfeuer

Landung mithilfe des Instrumentenlandesystems (ILS)

Das Wetter

Eine Aschewolke behinderte nach dem Ausbruch des Vulkans Eyjafjallajökull in Island den Flugverkehr in ganz Europa.

Wettermeldungen für Piloten Eine ausführliche Beschäftigung mit dem Wetter gehört zu jeder Flugvorbereitung. Dafür greifen Piloten auf Wetterkarten und Wettermeldungen zurück. Auf Wetterkarten sind z. B. Höhenwinde, Druckverläufe und Vereisungsgebiete dargestellt. Die wichtigsten Wettermeldungen sind das Flughafenwetter (METAR) und die Flughafenvorhersage (TAF). Beide sind stark verschlüsselt, um möglichst viele Informationen auf wenig Platz darzustellen. Hier ein Beispiel für einen TAF: LOWW 101130Z 1012/1118 32008KT 9999 FEW030 BECMG 1020/1022 30013KT OVC040 TEMPO 1104/1110 33025G35KT SHRA SCT020 BKN040.
Was könnte das wohl bedeuten? Die Auflösung findest du im Anhang.

Ein Blitzeinschlag kann die Elektronik im Cockpit beeinflussen.

Immer wieder anders

Auch wenn in der heutigen Zeit nur wenige Flüge mit Verkehrsflugzeugen wegen »schlechten Wetters« abgesagt werden, hat das Wetter einen ganz entscheidenden Einfluss auf jeden Flug. Windrichtung und -stärke bestimmen z. B. darüber, ob das Flugzeug früher am Ziel ankommt oder verspätet ist. Oft sagt der Pilot durch, ob Rücken- oder Gegenwind herrscht. Achte bei deinem nächsten Flug einmal darauf.

Wolken entstehen, wenn in der Luft so viel Wasserdampf vorhanden ist, dass dieser kondensiert – also flüssig wird – und sich viele der kleinen Wassertropfen zusammenschließen. Weil kalte Luft weniger Wasserdampf aufnehmen kann als warme, entstehen Wolken dort, wo sich die Luft abkühlt, z. B. beim Aufstieg von Luft in größere Höhen oder frühmorgens am Boden – das nennt man dann Nebel.

Für Flugzeuge, die nach Instrumenten fliegen, stellen Wolken meist kein Problem dar. Bei Sichtflügen muss der Pilot allerdings darauf achten, dass er nicht in Wolken einfliegt, denn dort kann er ja nichts mehr sehen. Bei Bodennebel können aber auch Instrumentenflüge oft nicht landen, weil die Piste selbst kurz vor dem Aufsetzen noch nicht zu sehen ist.

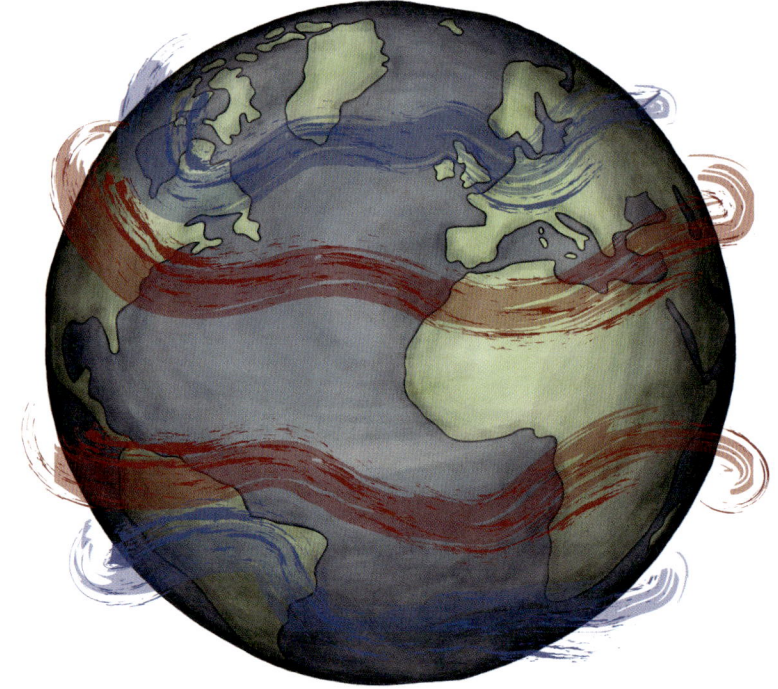

Jetstreams verändern ständig ihre Position und können die Ursache für starke Turbulenzen während des Fluges sein

Niederschläge können ganz unterschiedliche Formen annehmen: Regen, Schnee, Eis, Hagel und Graupel. Sehr starker Regen kann vor allem in Bodennähe für kleinere Flugzeuge problematisch sein, weil die vielen nach unten fallenden Tropfen einen Luftstrom mit sich ziehen, der in manchen Fällen auch das Flugzeug sinken lässt. Besonders starke Niederschläge mit Vereisungsgefahr fallen aus Gewitterwolken, die von jedem Flugzeug möglichst zu umfliegen sind.

e Piste am Züricher Flughafen
rd für den Start der Lufthansa-
aschine von Schnee befreit.

Gefährlich wird Regen, wenn dieser bei großer Kälte auf den Tragflächen gefriert – ähnlich wie im Winter auf der Straße. Eis verändert die Profilform und das Gewicht der Tragflächen: Der Widerstand steigt und der Auftrieb nimmt ab. Große Flugzeuge sind deswegen mit Enteisungsanlagen ausgestattet, die das verhindern.

Wind hat großen Einfluss auf jeden Flug: Er bestimmt die Flugzeit und auch den Steuerkurs (siehe S. 56/57). Als Passagier merkst du vor allem Turbulenzen, die das Flugzeug ganz schön »durchschütteln« können. Diese entstehen durch schnelle Richtungsänderungen des Windes, wenn der Wind also z. B. erst von links kommt, kurz danach von rechts vorne, wieder kurz danach von links hinten ...

Besonders starke Winde in großen Höhen werden als Jetstreams (engl. für »Strahlströme«) bezeichnet. Sie können Geschwindigkeiten von über 500 Kilometern pro Stunde erreichen und müssen bei Langstreckenflügen berücksichtigt werden. Die Flugrouten über dem Atlantik zwischen Europa und Nordamerika werden z. B. nach den Jetstreams ausgerichtet.

Fragen an Sven Plöger, Pilot und Meteorologe

Warum sind Gewitter für Flugzeuge so gefährlich?
Weil die Luft in Gewittern sehr turbulent ist. Sie saust an einer Stelle rasend schnell nach oben, direkt daneben geht es aber dramatisch abwärts. Flugzeuge halten viel aus, doch für die Passagiere ist das sehr gefährlich, wenn sie nicht angeschnallt sind. Außerdem kann Hagel auftreten und auch die Blitze sind nicht ohne. Man bekommt zwar keinen Stromschlag, der Blitz kann im ungünstigsten Fall aber die Instrumente im Cockpit beschädigen und die Piloten kurzzeitig blenden. Deswegen vermeidet es die Besatzung, in Gewitter hineinzufliegen.

Wieso können Turbulenzen so plötzlich auftreten?
Weil die Luft ständig in Bewegung ist. Dort, wo es die größten Geschwindigkeits- und Richtungsunterschiede in der Strömung gibt, ist es am turbulentesten und das Flugzeug »wackelt« am meisten. In ganz klarer Luft in Höhen von rund 10 000 Metern gibt es die sogenannte CAT (Clear Air Turbulence = Klarsichtturbulenz). Man sieht zwar nichts davon, aber der Jetstream produziert an seinem Rand oft sehr starke Unruhe in der Luft.

Wie bekommt der Pilot während des Flugs einen aktuellen Wetterbericht?
Piloten werden auch im Fach Meteorologie ausgebildet und erhalten bereits vor dem Flug ausführliche Wetterinformationen. Während des Flugs haben sie Zugriff auf aktuelle Radarbilder, die ihnen zeigen, wo es regnet, hagelt oder schneit. Außerdem werden per Funk ständig die Wettermeldungen der Flugplätze verbreitet.

Wetterradarantenne, Boeing 737

Kann ein Flugzeug bei sehr starkem Wind rückwärts fliegen?
Grundsätzlich ja – wenn der Wind stärker ist als die Vorwärtsgeschwindigkeit des Fluggeräts. Das gilt daher nur für sehr kleine Fluggeräte wie Drachen oder Gleitschirme. Das ist aber kein Vergnügen, sondern sogar sehr gefährlich, denn bei so starkem Wind ist die Luft immer auch sehr turbulent. Große Airliner sind hingegen immer schneller als der stärkste Wind, werden aber vom Gegenwind auch abgebremst.

Seitenwindlandungen Landungen bei starkem Seitenwind können sehr spektakulär aussehen, weil das Flugzeug zunächst »schräg« mit einem sogenannten Vorhaltewinkel auf die Piste zufliegt, um den Seitenwind auszugleichen. Erst kurz vor dem Aufsetzen wird das Flugzeug in Pistenrichtung ausgerichtet, damit das Fahrwerk gerade aufsetzen kann. Bei kleineren Flugzeugen kann auch mit »hängender Tragfläche« angeflogen werden. Dabei wird die dem Wind zugewandte Tragfläche durch eine Querruderbewegung nach unten geneigt und das Seitenruder in Richtung der nach oben geneigten Fläche entgegengesetzt bewegt.

Eine Seitenwindlandung – hier in Hamburg – erfordert einiges Können.

Gefahren im Flug

Flugangst Dass du vor einer Flugreise aufgeregt bist, ist völlig normal, denn es ist ja auch etwas Besonderes. Einige Menschen haben aber richtige Angst vor dem Fliegen und bekommen bereits vor dem Flug schweißnasse Hände oder Bauchschmerzen und in schlimmen Fällen sogar Panik. Diese Menschen haben oft Angst vor dem Kontrollverlust, denn sie selbst können ja nicht entscheiden, wo es hingeht. Dann haben viele natürlich auch Angst vor einem Absturz, obwohl sie selbst meist noch keinen erlebt haben. Viele Flughäfen bieten inzwischen Informationen und Hilfe bei Flugangst an.

Regelmäßiges Sicherheitstraining bei Condor

Übung der Flughafenfeuerwehr

Vermeiden und Überwachen

Fliegen ist sicher – diesen vertrauensvollen Satz liest und hört man oft. Und tatsächlich gehören Luftfahrzeuge zu den technisch fortschrittlichsten Verkehrsmitteln. Dennoch kann es gelegentlich zu Zwischenfällen und gefährlichen Situationen kommen, die meist allerdings keine Auswirkungen auf den Flug haben.

Sicherheit ist in der Luftfahrt das oberste Gebot – sowohl bei der Konstruktion von Luftfahrzeugen als auch bei der Ausbildung von Piloten und Flugbegleitern. Moderne Verkehrsflugzeuge werden so gebaut, dass die Aufgaben von jedem wichtigen Bauteil im Notfall von anderen Bauteilen übernommen werden, sodass sicher gelandet werden kann. Fällt beispielsweise ein Triebwerk aus, ist das bei einem zweistrahligen Flugzeug kein Notfall, weil mit dem verbleibenden Triebwerk problemlos das Ziel oder ein anderer Flughafen erreicht werden kann. Zudem sind alle wichtigen Systeme an Bord – z. B. Computer und Anzeigen – wenigstens doppelt vorhanden, sodass der Ausfall eines Systems nicht schlimm ist.

Die gesamte Besatzung ist so ausgebildet, dass die Sicherheit aller Insassen (Passagiere und Besatzung) höchste Wichtigkeit hat. Die Systeme werden stetig überwacht und bei dem kleinsten Zweifel sofort überprüft. Situationen, die möglicherweise gefährlich werden könn-

Auf der Sicherheitskarte findest du Verhaltensregeln für den Flug.

Notlandung einer *Boeing* 767 mit eingefahrenem Fahrwerk

ten, werden von vornherein vermieden – z. B. der Durchflug eines Gewitters. Alle Schritte im Cockpit werden mithilfe von Checklisten überprüft, sodass sicher nichts vergessen wird. Großer Wert wird auch auf die Zusammenarbeit der Besatzung gelegt, um die Arbeitsbelastung zu senken und die Lösung von Problemen zu erleichtern.

Kritische Situationen können dennoch auftreten, sind aber in der Regel durch Notverfahren schnell zu beheben. Der Start und die Landung erfordern besondere Aufmerksamkeit, weil das Luftfahrzeug dabei eine geringe Geschwindigkeit und Flughöhe und somit weniger Pufferzonen als im Reiseflug hat. In niedrigen Flughöhen kann der Zusammenstoß mit Vögeln zu einem Problem werden, denn große Vögel können beträchtlichen Schaden am Rumpf oder den Triebwerken anrichten. Es passiert zwar sehr selten, aber auch wenn sich das Fahrwerk nicht mehr ausfahren lässt, ist dies ein Notfall, weil der Pilot die Maschine »auf dem Bauch« landen muss. Das merkst du als Passagier, weil die Landung entsprechend härter wird.

n *Airbus* inmitten eines gelschwarms

lken sollen andere Vögel rtreiben.

Eine Notlandung muss durchgeführt werden, wenn eine Notlage auftritt, die eine umgehende Landung erforderlich oder unausweichlich macht, wie z. B. ein Brand an Bord. Viel häufiger als Notlandungen werden Sicherheitslandungen durchgeführt, um eine Notlage zu vermeiden. Eine unerwartete Wetterverschlechterung, die den Weiterflug unmöglich macht, wäre eine solche Situation. Luftfahrzeuge mit Problemen oder Notfällen haben natürlich immer Priorität und bekommen sofort eine Landeerlaubnis.

Fragen an Christian Käufer, Geschäftsführer der Flugschule TFC in Essen

Kann der Zusammenstoß mit einem Vogel gefährlich sein?
Auf jeden Fall. Dabei können Teile wie die Flugzeugnase, die Cockpitfenster oder auch Triebwerke beschädigt werden. Ein bekanntes Beispiel ist der Airbus A320, der 2009 aufgrund eines Vogelschlags in beiden Triebwerken auf dem Hudson River vor New York notwassern musste.

Welche Gefahrensituationen werden am häufigsten geübt?
Ein Startabbruch kurz vor dem Abheben und ein Triebwerksausfall, wenn das Flugzeug beim Start nicht mehr gebremst werden kann, sondern abheben muss. Außerdem werden Triebwerksbrände im Flug, Anflüge und Durchstartmanöver mit nur einem Triebwerk sowie Notsinkflüge häufig geübt.

Sind solche Übungen denn überhaupt realistisch?
Ja, die heutigen Simulatoren können nicht nur die Sicht aus dem Cockpit und die Geräusche realistisch darstellen. Ein Computer kann zudem auf Originaldaten, die aus den Aufzeichnungen wirklicher Flüge entstanden sind, zugreifen und sorgt dafür, dass sich der Simulator genau wie ein richtiges Flugzeug verhält.

Wie wird eine Notwasserung geübt?
Die Cockpitbesatzung übt Verfahren wie das Einhalten der Geschwindigkeit, das Setzen der Klappen und das Verschließen der Luken. Die Kabinenbesatzung trainiert noch häufiger – z. B. das Öffnen von Fenstern und Türen, wie und wann die Schwimmwesten verwendet werden und ob ein Floß oder eine Rutsche sinnvoll eingesetzt werden kann.

Bergung eines Airbus A320 aus dem Hudson River. Für seine spektakuläre Notlandung wurde der Pilot zu Recht als Held gefeiert.

Glossar und Tipps

Anstellwinkel Winkel zwischen der Anströmrichtung der Luft und der Tragfläche, dem Rotorblatt oder dem Propeller

Auftrieb Kraft, die der Gewichtskraft entgegengerichtet ist und diese übersteigen muss, damit ein Luftfahrzeug abheben kann. Auftrieb wird z. B. an Tragflächen oder Rotorblättern erzeugt.

AWACS (Airborne Early Warning and Control System / Luftgestütztes Frühwarn- und Überwachungssystem) Flugzeuge mit Frühwarnradar

Catering Verpflegung während eines Flugs

Charterverkehr Ein Charterflug fliegt eine bestimmte Strecke nicht regelmäßig, sondern wird gemietet, z. B. für einen Flug in den Urlaub.

Drehkreuz Umsteigeflughafen, an dem Flüge aus vielen verschiedenen Regionen ankommen und abfliegen

Drohne Unbemanntes Luftfahrzeug, das vom Boden aus per Funk gesteuert wird

Druckkabine Passagierkabine, in der während des Flugs ein höherer Druck als der Außendruck erzeugt wird

EFIS (Electronic Flight Instrument System / Elektronisches Fluginstrumentensystem) Elektronische Anzeigegeräte im Cockpit

elektromagnetische Welle Unsichtbare Funkwelle, die aus einem elektrischen und einem magnetischen Feld besteht

Flugplan Damit werden Angaben zu einem Flug an die Flugsicherung übermittelt, z. B. Flugstrecke und Geschwindigkeit.

Funknavigation Navigation mithilfe von Funkstationen am Boden oder im Weltall, die elektromagnetische Wellen aussenden

Galley Küche an Bord eines Luftfahrzeugs

Grenzschicht Bereich ganz nah an der Flugzeugoberfläche, in dem die Strömungsgeschwindigkeit der Luft vermindert ist

Holding (Warteschleife) Hier »warten« Flugzeuge, z. B. auf die Landefreigabe.

ILS (Instrumentenlandesystem) Anflugverfahren, bei dem das Luftfahrzeug mithilfe von Funkleitstrahlen bis zum Boden geführt werden kann – auch ohne Sicht nach außen

Kerosin Kraftstoff für Gasturbinentriebwerke, die in Düsenflugzeugen verwendet werden

Koordinatensystem Damit kann eine Position (z. B. auf der Erde) eindeutig bestimmt werden. Die Erdoberfläche wurde dafür in Längen- und Breitengrade eingeteilt.

Kurbelwelle Setzt die Auf-und-ab-Bewegung eines Kolbens in eine Drehbewegung für den Propeller um

Landeklappen Sie sind an den Tragflächen angebracht und können ausgefahren werden. Sie erhöhen den Auftrieb – aber auch den Widerstand – bei Start und Landung.

Linienverkehr Regelmäßig nach einem Plan durchgeführte Flüge

Luftfahrzeug Oberbegriff für Flugzeuge, Hubschrauber und Ballone

Machzahl Gibt das Verhältnis der Fluggeschwindigkeit zur Schallgeschwindigkeit an und ergänzt bei schnellen Flugzeugen die Geschwindigkeitsanzeige

Nebenstromverhältnis Anteil des kalten Luftstroms, der außen an der Brennkammer eines Strahltriebwerks vorbeigeführt wird

Piste Start- und Landebahn

Pole Die geografischen Pole, also der tatsächliche Nord- und Südpol, liegen etwas zu den magnetischen Polen versetzt. Auf Letztere sind Magnetkompasse ausgerichtet.

Radar Ortungsverfahren, bei dem Funkwellen von einer Bodenstation ausgesendet und an Flugzeugen reflektiert werden. So können Entfernung und Position festgestellt werden.

Randwirbel Durch den unterschiedlichen Druck zwischen Tragflächenoberkante und -unterkante erzeugte Ausgleichsströmungen

Schwerpunkt Mittelpunkt aller Massen eines Körpers. Wenn du es schaffst, einen Stock auf einem Finger zu balancieren, trifft der Finger genau den Schwerpunkt des Stocks.

Staupunkt Punkt, an dem sich die Luftströmung an der Tragflächenvorderkante teilt

Strahltriebwerk Auf dem Rückstoßprinzip basierendes Triebwerk

Stromlinie Darstellung des Wegs, den ein Luftteilchen z. B. beim Umströmen einer Tragfläche zurücklegt

Thermik Aufwinde, die durch Sonneneinstrahlung entstehen. Warme Luft aus Bodennähe steigt dabei in größere Höhen auf. Segelflugzeuge nutzen Thermik für den Steigflug.

Transponder Gerät an Bord von Luftfahrzeugen, mit dem automatisch Informationen übermittelt werden, z. B. die Flugnummer und die Flughöhe

Trimmung Ausrichtung und Feststellung der Ruder in einer bestimmten Position

UTC (Universal Time Coordinated / Koordinierte Weltzeit) Die »koordinierte Weltzeit« ist die Standardzeit, die in der Luftfahrt verwendet wird, damit alle von der gleichen Uhrzeit sprechen, auch wenn man sich in verschiedenen Zeitzonen befindet.

Widerstand Jeder Körper, der in Bewegung ist, verursacht Luftwiderstand, der dieser Bewegung entgegenwirkt.

Windkanal Darin werden Luftströmungen um Flugzeuge oder um einzelne Bauteile wie z. B. Tragflächen künstlich erzeugt.

Winglets oder Sharklets Nach oben ausgezogene Tragflügelenden moderner Flugzeuge. Sie verringern den Widerstand und damit den Kraftstoffverbrauch.

Buchtipps

Geolino extra *Der Traum vom Fliegen* (inkl. DVD), Gruner+Jahr, Hamburg 2012, ab 8 Jahren

Maja Nielsen *Pioniere der Lüfte.* Aus der Reihe: *Abenteuer! Maja Nielsen erzählt,* Gerstenberg Verlag, Hildesheim 2011, ab 10 Jahren. Das gleichnamige Hörbuch ist bei Jumbo erschienen.

Susanna Partsch / Rosemarie Zacher *Der Traum vom Fliegen: Wie Leonardo & Co. sich und anderen Flugapparate bauten,* Berlin Verlag, Berlin 2008, ab 8 Jahren. Antiquarisch erhältlich

Uwe Wandrey *Werkstatt Raketen und Flieger: Raketen, Fallschirme, Hubschrauber und Flugzeuge selber bauen,* AT Verlag, Aarau und München 2013, ab 11 Jahren

Filmtipps

Amelia DVD 2010, ohne Altersbeschränkung. Spielfilm über Amelia Earhart, die erste Pilotin, die über den Atlantik geflogen ist

Das Leben als Ballonfahrt DVD 2007, ohne Altersbeschränkung. Die Dokumentation begleitet den Luftfahrtabenteurer Bertrand Piccard auf einer Heißluftballonfahrt.

Der Stoff, aus dem Helden sind DVD 2000, ab 12 Jahren. Die Geschichte der amerikanischen Luft- und Raumfahrtpioniere (u. a. Charles »Chuck« Yeager) als spannender Spielfilm

National Geographic – Der Traum vom Fliegen DVD 2009, ab 6 Jahren. Dokumentation über die Luft- und Raumfahrt

Elly Beinhorn – Die Dokumentation Das Leben der deutschen Luftfahrtpionierin, die als erste Frau im Alleinflug die Welt umrundete. Abrufbar über die ZDF-Mediathek

Pioniere: Siegeszug der Düsenjets Dokumentation aus der *Terra-X*-Reihe über die Tüftler Frank Whittle und Hans von Ohain. Abrufbar über die ZDF-Mediathek

Hörbuchtipps

Die letzte Fahrt der Hindenburg audio media verlag GmbH, München 2009
Der erste Flug über den Atlantik – Charles Lindbergh Aus der Reihe: Wissen! Lighthouse Home Entertainment, Hamburg 2009

Veranstaltungstipps

AERO Friedrichshafen Moderne Motorflugzeuge, Helikopter und Business-Jets sowie Segel- und Ultraleichtflugzeuge stehen im Mittelpunkt dieser jährlich stattfindenden Luftfahrtmesse. *www.aero-expo.com*
ILA Alle zwei Jahre findet die ILA, die Internationale Luft- und Raumfahrtausstellung Berlin, statt. Es gibt Flugvorführungen von Kunstfliegern und historischen Modellen und viele Flugzeuge modernster Bauart zu bestaunen. Infos unter *www.ila-berlin.de*

Entdeckertipps

Deutschland

Auto- und Technikmuseum Sinsheim Hier findest du u. a. die begehbaren Überschallpassagierflugzeuge *TU-144* und *Concorde*.
Museumsplatz
74 889 Sinsheim
www.sinsheim.technik-museum.de
Ballonmuseum Gersthofen Hier kannst du einen Nachbau der Druckkugel begehen, mit der Auguste Piccard 1931 in den Weltraum vorstieß. Ein Hörspiel mit einem Auszug aus dem Bordbuch versetzt dich in die dramatische Forschungsfahrt.
Bahnhofstraße 12
86 368 Gersthofen
www.ballonmuseum-gersthofen.de
Deutsches Museum, Flugwerft Schleißheim Große Sammlung historischer und moderner Fluggeräte. In der Restaurierungswerkstatt kannst du zuschauen, wie Flugzeuge repariert werden.
Effnerstraße 18
85 764 Oberschleißheim
www.deutsches-museum.de/flugwerft
Hubschraubermuseum Bückeburg Das einzige Hubschraubermuseum Deutschlands
Sabléplatz 6
31 675 Bückeburg
www.hubschraubermuseum.de
Luftfahrt-Museum Laatzen-Hannover e. V. Hier kannst du das Innere eines Hubschraubers erkunden und den Kinderpilotenschein machen!
Ulmer Straße 2
30 880 Laatzen
www.luftfahrtmuseum-hannover.de
Das **Luftwaffenmuseum der Deutschen Bundeswehr** zeigt die Geschichte der militärischen Luftfahrt und Luftkriegsführung in Deutschland von ihren Anfängen bis zur Gegenwart.
Kladower Damm 182
14 089 Berlin
www.luftwaffenmuseum.de
Otto-Lilienthal-Museum Hier sind Lilienthals Flugapparate ausgestellt. Auf dem Außengelände des Museums gibt es einen Natur- und Erlebnispark
Ellbogenstraße 1
17 389 Anklam
www.lilienthal-museum.de
Im **Zeppelin Museum** befindet sich die weltweit größte und wichtigste Sammlung zur Geschichte und Technik des Zeppelins. Schwerpunkt des Museums ist die Geschichte der deutschen Luftschifffahrt.
Seestraße 22
88 045 Friedrichshafen
www.zeppelin-museum.de

Österreich

Das **Flugmuseum Aviaticum** ist das bedeutendste Luftfahrtmuseum Österreichs. Echte Flugzeugfans können hier sogar ihren Geburtstag feiern.
Ferdinand Graf von Zeppelin-straße 1 A
2700 Wiener Neustadt
www.aviaticum.at
Der **Hangar 7** am Flughafen Salzburg beherbergt eine Sammlung historischer Flugzeuge, Helikopter und Formel-1-Rennwagen.
Salzburg Airport
Wilhelm-Spazier-Straße 7A
5020 Salzburg
www.hangar-7.com
Der **Bergrettungsdienst Österreich** hält auf seiner Internetseite aktuelle und interessante Informationen bereit.
www.bergrettung.at

Schweiz

Fliegermuseum Dübendorf Hier wird die Geschichte der militärischen Luftfahrt in der Schweiz nähergebracht, u. a. mit Flugsimulatoren. Auch Flüge in Oldtimer-Flugzeugen werden hier angeboten!
Überlandstrasse 255
8600 Dübendorf
www.airforcecenter.ch

Eine Übersicht vieler Luftfahrtmuseen in Deutschland und weiterer europäischer Ländern sowie viele weitere Infos zum Thema Luftfahrt findest du unter *www.luftfahrtmuseum.com*

Das ICAO-Funkalphabet

A Alpha
B Bravo
C Charlie
D Delta
E Echo
F Foxtrott
G Golf
H Hotel
I India
J Juliett
K Kilo
L Lima
M Mike
N November
O Oscar
P Papa
Q Quebec
R Romeo
S Sierra
T Tango
U Uniform
V Victor
W Whiskey
X X-Ray
Y Yankee
Z Zulu

Auflösungen

Seite 48, Beispiel 1: AD (Aerodrome; engl. für »Flughafen«) ETHF (Abkürzung für Fritzlar): NO REFUELLING POSSIBLE AT APRON 1, 2 AND 3 (kein Auftanken möglich auf Vorfeld 1, 2 und 3). 30 JAN 14:31 2012 UNTIL 27 APR 10:00 2012 ESTIMATED (vom 30. 1. 2012 um 14:31 Uhr bis voraussichtlich zum 27. 4. 2012 um 10 Uhr).
Seite 48, Beispiel 2: AD LSZH (Flughafen Zürich): RWY 34 (Runway 34; englisch für »Piste 34«) ILS IZS 110. 750 (Instrumentenlandesystem mit der Kennung IZS auf der Frequenz 110,750 MHz) U/S (*unserviceable;* engl. für »außer Betrieb«) DUE TO (engl. für »wegen«) CLBR (*calibration;* engl. für »Vermessungsarbeiten«). 06 MAR 12:45 2012 UNTIL 06 MAR 16:45 2012 (vom 6. 3. 2012 um 12:45 Uhr bis zum 6. 3. 2012 um 16:45 Uhr).
Seite 58: LOWW (Abkürzung für Wien) 101130Z (Vorhersage vom 10. des Monats um 11:30 Uhr UTC) 1012/1118 (gültig vom 10. um 12 Uhr UTC bis zum 11. um 18 Uhr UTC) 32008KT (Wind aus Richtung 320 Grad mit acht Knoten) 9999 (Sicht mehr als zehn Kilometer), FEW030 (leichte Bewölkung in 3000 Fuß Höhe) BECMG 1020/1022 (Änderung des Wetters am 10. zwischen 20 Uhr und 22 Uhr) 30013KT (Wind aus Richtung 300 Grad mit 13 Knoten) 0VC040 (geschlossene Wolkendecke in 4000 Fuß) TEMPO 1104/1110 (zeitweilige Änderung des Wetters am 11. zwischen 4 Uhr und 10 Uhr) 33025G35KT (Wind aus Richtung 330 Grad mit 25 Knoten in Böen bis 35 Knoten) SHRA (Regenschauer) SCT020 BKN040 (aufgelockerte Bewölkung in 2000 Fuß und durchbrochene Bewölkung in 4000 Fuß)

Register

Bildnachweis ▪ © AIRBUS S.A.S. ▪ 2005 photo by C. Brinkmann: S.17Ml ▪ 2012 photo by e³m company/P. MASCLET: Einband hinten u, S.16ul, 35oru ▪ 2014 photo by Master Films/H. GOUSSÉ: S.16ol ▪ Airport Nürnberg: S.55Ml ▪ © Avidyne Corporation: S.41Mr ▪ Bildarchiv Henrik Lührs: S.39ur ▪ Bernd Brincken: S.28Ml ▪ Condor Flugdienst GmbH ▪ Michael Warbinek: S.60Mlo ▪ ddp images: S.24ol ▪ Andi Streber: S.50ulo ▪ Deutsches Zentrum für Luft- und Raumfahrt e.V. (DLR) ▪ CC-BY 3.0: S.16Ml, 37Mr, 44olu, 45ol ▪ DFS Deutsche Flugsicherung GmbH: S.50ulu, 56ol, 57Mr ▪ EADS: S.44olo ▪ fotolia ▪ awfoto: S.38ur ▪ canadair: S.30Mlo ▪ Delphimages: S.41or ▪ dreamer82: S.55Mru ▪ Dron: S.43or ▪ Terrance Emerson: S.37or ▪ Jonas Glaubitz: S.58Ml ▪ Joachim Kreft: Einband vorn o ▪ lunamarina: S.57M ▪ Ilya Postnikov: S.23Mr ▪ RTimages: S.34ul ▪ Jérôme Salort: S.40Mr ▪ valeie: S.21Ml ▪ Fraport AG: S.55or ▪ Stefan Rebscher: S.48ul ▪ getty images ▪ Science Faction: S.22M ▪ GÜNZBURGER STEIGTECHNIK: S.49or ▪ imago ▪ blickwinkel: S.4–5, 56Mr, 61Mlo ▪ Dean Pictures: S.38ul ▪ Olaf Döring: S.55Mro ▪ EQ images: S.58ol ▪ Jürgen Hanel: S.59Mr ▪ imagebroker: S.32–33, 40ol, 48ur, 49Ml, 53or ▪ imagebroker/begsteiger: S.20ul ▪ imagebroker/hohenacker: S.29ur ▪ INSADCO: Einband vorn u ▪ IPON: S.44ur ▪ Udo Kröner: S.53Ml ▪ Newscast: S.52ol ▪ newspix: S.61or ▪ nordpool/Salomonsen: S.29Mlo ▪ Pressefoto Kraufmann & Kraufmann: S.25or, 61Mlu ▪ Steffen Schellhorn: S.28ol, 60Mlu ▪ Joachim Sielski: S.50ol ▪ Jochen Tack: S.29Mlu, 46–47, 52Mr ▪ Christian Thiel: S.36olo ▪ Unimedia Images: S.20Ml ▪ United Archives: S.59ur ▪ UPI Photo: S.130, 26Mr, 38ol, 52ul, 61ur ▪ Xinhua: S.40Ml, 51r ▪ ZUMA/Keystone: S.15or ▪ Library of Congress, Washington D.C.: S.12Mr ▪ Lufthansa Bildarchiv: S.12Mlu, 13M, 35uro, 36ul, 59ol ▪ Wolfgang Fritz: S.42ul ▪ Jens Goerlich: S.42Ml ▪ Werner Krüger: S.25Mr ▪ Mysid: S.38Ml ▪ NASA ▪ Tony Landis: S.20ol ▪ National Science Foundation ▪ Peter Rejcek: S.31Ml ▪ © Paderborn-Lippstadt Airport: S.54Mr ▪ picture-alliance ▪ akg-images: S.8Mlu ▪ dpa: S.18–19, 230r, 30Mr ▪ dpa-infografik: S.34olu ▪ World Pictures/Photoshot: S.54Ml ▪ Pixelio ▪ Modellbauknaller: S.22ol ▪ Klaus Serek: S.25ol ▪ Jan von Bröckel: S.24Mr ▪ © Edy Schütz/www.breezy.ch: S.31Mr ▪ © Solar Impulse ▪ EPFL 2009: S.31ur ▪ Revillard/Rezo.ch: S.45or ▪ © SPL ▪ Agentur Focus: S.43Mr ▪ © Technify Motors GmbH: S.36olu ▪ U.S. Air Force photo: S.26ul, 29or ▪ U.S. Navy photo: S.26ol & Ml, 30Mlu